VW KÄFER

MYTHOS AUF VIER RÄDERN

IMPRESSUM

HEEL Verlag GmbH
Gut Pottscheidt
53639 Königswinter
Tel.: 02223 9230-0
Fax: 02223 923026
info@heel-verlag.de
www.heel-verlag.de

Verantwortlich für den Inhalt: Thomas Lang

Lektorat: Martin Henze, Joachim Hack, Jürgen Schlegelmilch

Satz und Gestaltung: Grafikbüro Schumacher, Königswinter
Titelgestaltung: Ralph Handmann, HEEL Verlag

Fotonachweis:
© Archiv VW AG, Audi Konzernarchiv, BMW AG, Daimler AG, Fiat AG, Ford, GM Corp., HEEL Archiv, Lufthansa, Porsche AG, Renault, Toyota, Jürgen Schlegelmilch

Titelfoto: Ramon Enzo Wink

Danksagung
Vielen Dank Herrn Christian Grundmann für die sehr freundliche, hilfsbereite und umfangreiche Unterstützung bei diesem Projekt.

Printed in Croatia

ISBN 978-3-95843-763-0

THOMAS LANG

VW KÄFER

MYTHOS AUF VIER RÄDERN

HEEL

381-352

Inhalt

Vorwort

Volkswagen hat in rund 65 Jahren 21.529.464 Käfer gebaut. Den letzten 2003. Wie viele Menschen dieses Auto im Laufe seiner Geschichte transportiert hat, lässt sich nicht mit Bestimmtheit feststellen. Es waren Milliarden auf allen fünf Kontinenten. Das heißt, dass eine Vielzahl der erwachsenen Bürger dieser Welt eine persönliche Geschichte zum Thema Käfer erzählen kann.

Meine persönliche Käfergeschichte reicht bis 1958 zurück, als mein Vater einen gebrauchten Standardkäfer, Baujahr 1954, als erstes Auto für die bis dahin vierköpfige Familie gekauft hatte. Bilder, die ich von der Rückbank aus beim Fahren aufnahm, gehören zu meinen ältesten Erinnerungen. Der Winker beispielsweise, der beim Abbiegen aus dem Holm zwischen Fahrertüre und hinterem Seitenfenster herausfuhr und bei Dunkelheit orange leuchtete. Oder der Gepäckraum hinter den Rücksitzen, in dem es sich als kleines Kind geborgen wie in einer Höhle reisen ließ. An Reiseziele wie Iscia, Rimini oder Texel, die nach unendlichen Stunden, manchmal auch Tagen erreicht waren. Der grüne Volkswagen verendete 1965 profan an einer Ampel, weil der Fahrer des nachfolgenden Mercedes das rote Lichtsignal zu spät gesehen hatte.

Der einzige eigene Käfer sollte Ende 1979 nach Ausbildung und Wehrdienst die Mobilität für den Start in das Berufsleben sichern. Für den Kaufpreis von 500 Mark. 100 als Anzahlung und irgendwann später zwei Monatsraten à 200 Mark an den besten Freund. Weil nach gerade vier Wochen Laufzeit auf der Autobahn ein Einlassventil in seinen zuständigen Zylinder fiel und damit das Boxertriebwerk ohne Vorwarnung nach mehr als 180.000 Kilometern final terminierte, bekam ich die letzte Rate kulant erlassen. Die verbliebenen 16 Monate TÜV sicherten dem immobilen Volkswagen einen Handelswert von 350 Mark, sodass meine persönliche Käferbilanz auch aus ökonomischer Sicht positiv endete.

Es ließen sich hunderte von Millionen, sogar Milliarden solcher Geschichten, über das bekannteste Auto aller Zeiten sammeln.

Die Geschichte des Automobils mit Namen Käfer ist vielfach dokumentiert und in zahlreichen Facetten erzählt. In allen technischen Nuancen seiner Konstruktion und Details der Produktion, in Verkaufsstatistiken und Exporttabellen. Nüchtern und statistisch korrekt, wie es sich für ein technisches Produkt aus industrieller Großserienfertigung gehört.

Es bleiben jedoch genügend Aspekte, die Geschichte des Käfers aufs Neue zu erzählen. Den des Zeitzeugen für drei Viertel des 20. Jahrhunderts, den eines technischen Wunders in politisch dunkelsten Zeiten, oder den eines wirklichen Wunders als Symbol einer nationalen Auferstehung nach dem Zweiten Weltkrieg. Nicht zu vergessen den Aspekt als Volkswagen im besten Sinn, der Mobilität für breite Schichten der Gesellschaft sicherte oder schließlich den eines Botschafters für die Wirtschaftsleistung einer ganzen Nation, die sich als Verursacher der größten Katastrophe in der Menschheitsgeschichte wieder erheben konnte. Kurz eine Geschichte, die unbedingt erzählt werden muss.

Thomas Lang

1960
Stiftung AutoMuseum Volkswagen
1966
1981

Der Weg zum ersten Käfer

1. Der Weg zum ersten Käfer

Damit fing alles an: der Benz Patent-Motorwagen von 1886. Die Nummer 1 wird zwanzig Jahre nach seiner Jungfernfahrt in einer fernen Ecke der Benz'schen Automobilfabrik „wiederentdeckt", sorgfältig restauriert und aus Anlass des 20-jährigen Jubiläums dem Deutschen Museum in München geschenkt.

Karl Friedrich Benz (1944-1929) sorgte mit seinem Patent-Motorwagen für die technische Revolution auf dem Gebiet der Beförderungsmittel. Die Schreibweise seines Vornamens sorgte immer wieder für Verwirrungen, denn der Mode am Ende des 19. Jahrhunderts folgend, wonach man bei deutschen Vornamen die französische Schreibweise bevorzugte, unterschrieb der Automobilpionier ab ca. 1880 mit Carl Friedrich Benz.

2011 – dieses Jahr ist in Deutschland geprägt von den Feierlichkeiten zum 125sten Geburtstag des Automobils. Wie kaum eine andere Erfindung vergangener Jahrhunderte prägt das Auto die Welt von heute. Die Zahl der Menschen, die derzeit über ein eigenes Automobil verfügen, nähert sich zügig der Grenze von einer Milliarde. Das Auto als Beförderungsmittel breiter Schichten ist heute zumindest in den Industrienationen eine Selbstverständlichkeit. Die Frage nach einem Auto für einen weiten Teil der Bevölkerung, nach einem sprichwörtlichen Volkswagen, ist lange beantwortet. Eine große Zahl der aktuell angebotenen Modelle aus der ganzen Welt entsteht in einer millionenfachen Auflage. Auf die Frage, welches Fahrzeug der einzig wahre „Volkswagen" in der Geschichte des Automobils war und ist, lautet die Antwort: Es kann nur einen geben! Der VW Käfer, zwischen 1945 und 2003 in einer Auflage von 21.529.464 Exemplaren gebaut, revolutionierte die Autotechnik, setzte mit seinen Konzepten der Vermarktung Zeichen, erwies sich als erstes klassen- und grenzenloses Weltauto und war für Deutschland nach dem Zweiten Weltkrieg nicht nur ein Volkswagen, sondern schlicht „das Auto".

Dabei ist es gerade einmal knapp über 120 Jahre her, dass der deutschen Motorenkonstrukteur Gottlieb Wilhelm Daimler (1834-1900) am 3. April 1885 das „Deutsche Reichspatent Nr. 34926" für eine „Gas-, beziehungsweise Petroleumkraftmaschine" erhalten hatte, die ausschließlich für den Einbau in ein Fahrzeug vorgesehen war. Knapp ein Jahr später, am 16. Januar 1886, ließ der Mannheimer Unternehmer Carl Benz (1844-1929) ein „Fahrzeug mit Gasmotorenantrieb" mit Daimlers Motor im Heck patentieren. Das erste Auto mit einem Viertakt-Einzylinder von 984 Kubikzentimetern Hubraum, der 265 Kilo wog und 0,88 PS bei 700/min leistete, nahm die ersten Meter unter seine dünnen Speichenräder.

Zum Ende des 19. Jahrhunderts war die Zeit reif für Fahrzeuge mit einem unabhängigen Antrieb. In Frankreich rumpelte und stampfte bereits eine nennenswerte Anzahl von Mobilen mit einer Dampfmaschine als Antrieb über die kaum befestigten Wege, als das erste Auto von Daimler und Benz seine zaghaften Ausfahrten von der Länge eines gemächlichen Spaziergangs unternahm. Es leitete eine Ära der individuellen Mobilität, der technischen Errungenschaften und industriellen Umwälzungen ein, die innerhalb weniger Jahrzehnte das Antlitz der Welt veränderte.

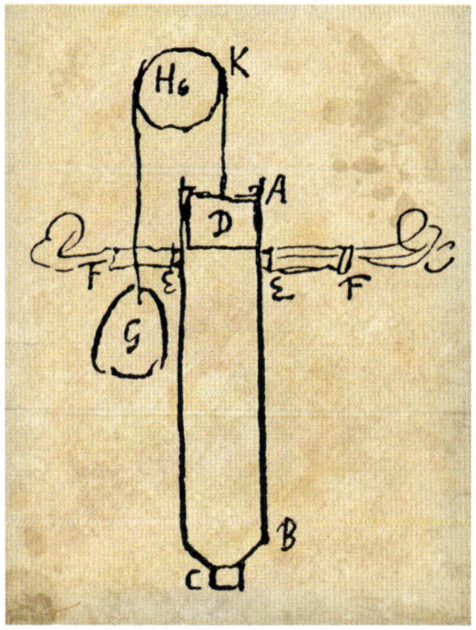

Nicolaus August Otto (* 10. Juni 1832; † 26. Januar 1891) war der Erfinder des nach ihm benannten Ottomotors, der die Antriebstechnik revolutionieren sollte.

Christiaan Huygens entwickelte das Prinzip einer Kolbenkraftmaschine bereits im 17. Jahrhundert.

Freilich bedienten sich die Pioniere der neuen „Kutschen ohne Pferde“ aus dem reichen Fundus von Erkenntnissen und Erfindungen, die ungezählte kluge Köpfe in den Jahrhunderten zuvor gewonnen und geschaffen hatten. Angefangen vom Rad, einem nunmehr rund sechstausend Jahre alten Geistesblitz eines unbekannten sumerischen Genies.

Auch Nikolaus Otto (1832-1891), der 1877 den Viertaktmotor patentieren ließ, welchen Gottlieb Daimler für seinen Autoantrieb adaptierte, hatte aus dem Schatz wissenschaftlicher Erkenntnisse aus vergangenen Zeiten geschöpft. So hatte beispielsweise das holländische Universalgenie Christiaan Huygens (1625-1695), dessen Schaffen in Umfang und Vielseitigkeit in nichts seinen Zeitgenossen Gottfried Wilhelm Leibniz (1646-1716) oder Isaac Newton (1643-1727) nachstand, im Rahmen seiner Beschäftigung mit Problemen der Mechanik das Prinzip einer Kolbenkraftmaschine bereits im 17. Jahrhundert entwickelt. Die Verwendung von Schießpulver als Treibstoff verlieh der Bezeichnung „Explosionsmotor“ zwar eine unmissverständliche Bedeutung, erwies sich aber in der Praxis als nicht wirklich Ziel führend. Wichtig war jedoch das Prinzip, nach dem die Maschine arbeitete: Mit einem Kolben, der sich in einem Zylinder durch den Druck einer inneren Verbrennung bewegte.

Unten: Auszug aus der Patentschrift für den ersten Motor von Gottlieb Daimler

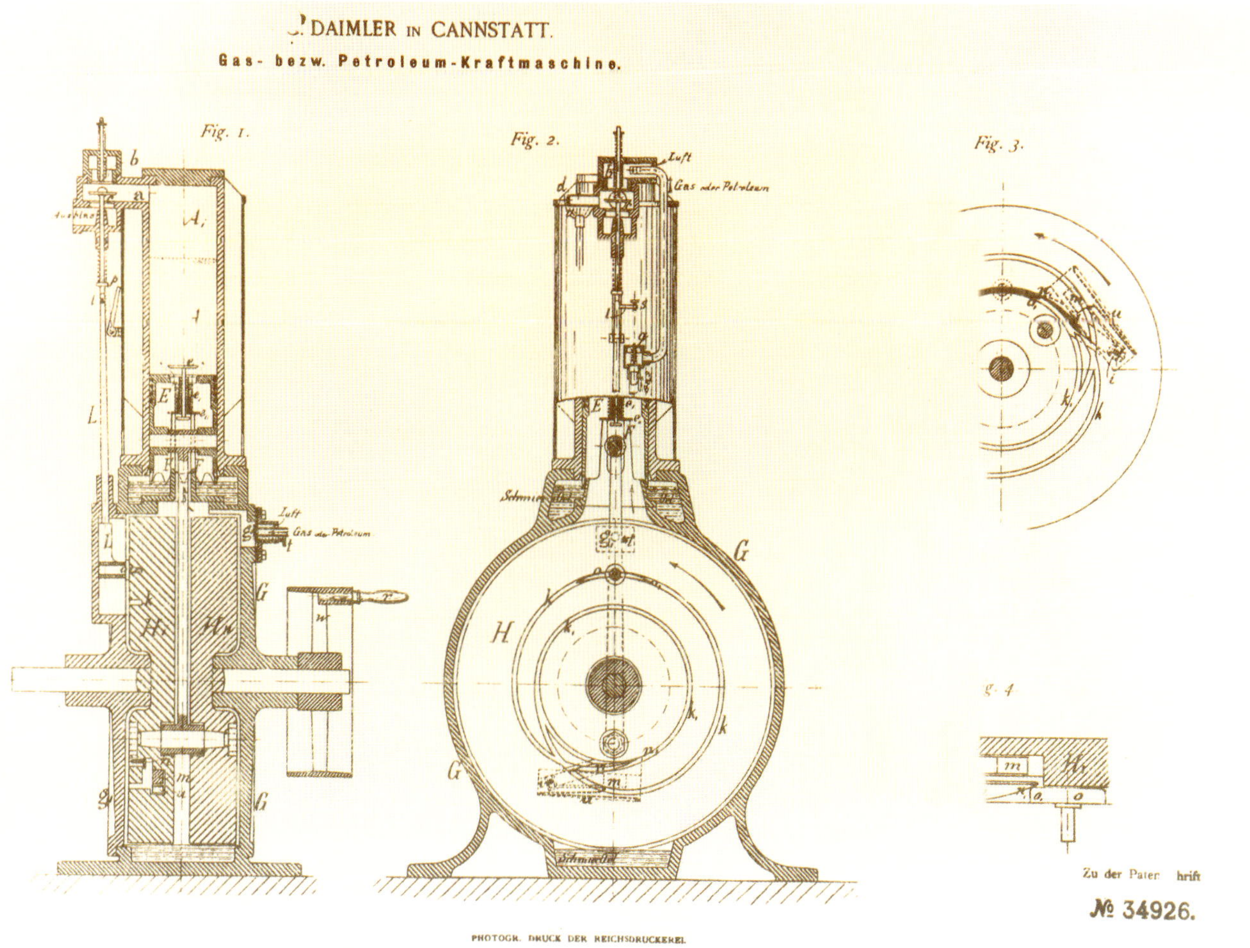

Neuer Patent-Motorwagen

mit Gasbetrieb durch Benzin
von
Benz & Cie., Rheinische Gasmotorenfabrik
in
Mannheim.

Höchste Auszeichnung (Ehrendiplom) Ausstellung Glogau 1888.

Ausgestellt in der Kraft- und Arbeitsmaschinen-Ausstellung in München seit dem 12. September 1888.

Die Münchener Blätter schreiben über diesen Wagen:

Neueste Nachrichten, 16. September:

In der Kraft- und Arbeitsmaschinen-Ausstellung finden seit gestern mehrere kurze Probefahrten mit dem patentirten Motorwagen der Firma Benz & Co. in Mannheim statt. Der Wagen ist eine viersitzige komfortable Kalesche mit umlegbarem Regendach und ruht auf drei Rädern, deren vorderes durch eine äußerst einfache Vorrichtung, ähnlich wie bei den Tricycles gesteuert werden kann. Hinter dem Rücksitze im Wagenkasten ist ein kleiner zierlich gearbeiteter Benzinmotor angebracht, der mit den Hinterrädern in Verbindung steht. Durch einen Druck auf einen unter der Steuervor- Derselbe kann auf verhältnißmäßig kleiner Fläche umkehren und sofort zum Stehen gebracht werden. Seine größte Fahrschnelligkeit ist die eines in scharfem Trabe fahrenden Fuhrwerkes.

Neueste Nachrichten, 18. September:

Der Benz'sche Patent-Motorwagen, der in der Kraft- und Arbeitsmaschinen-Ausstellung ausgestellt ist, unternahm am Samstag seine erste Probefahrt in den Straßen der Stadt und zwar mit vorzüglichem Erfolg. Das seltsame Fahrzeug wurde allgemein angestaunt und die liebe Jugend verfolgte es in dichten Schaaren. Von nun ab finden täglich

Motorjournalismus ist so alt wie das Auto: Bericht über das erste Automobil aus dem Jahr 1888.

Henry Ford (1863-1947) entwickelte die Fließbandproduktion und baute ab 1908 mit dem Model T den ersten „Volkswagen".

Richtig innovativ an den ersten Automobilen war lediglich der Antrieb. Fahrwerk und Chassis der Pioniere kamen nahezu unverändert aus dem Kutschenbau. Bezeichnungen unterschiedlicher Kutschentypen leben bis heute in der automobilen Typologie fort, wie „Roadster", „Sedan" oder „Coupé". Diese enge Verwandtschaft mit dem bis in das 20. Jahrhundert hinein geläufigsten Mittel des Individualverkehrs, erlaubte einen fließenden Übergang traditioneller Handwerksberufe zu neuen Dienstleistern für das Automobil. Aus dem Dorfschmied entwickelte sich der Automechaniker, aus dem Wagner und Kutschenbauer der Karossier.

In seinen Kindertagen war das Automobil nicht mehr als ein teures Spielzeug für wohlhabende Technophile, das noch nicht einmal im Ansatz sein Potenzial als massentaugliches Verkehrsmittel erahnen ließ. Es mangelte den Konstruktionen, die in Deutschland, England, Frankreich, Italien und bald auch in den Vereinigten Staaten zum Ende des 19. Jahrhunderts wie Pilze aus Schuppen und Werkstätten sprossen, grundsätzlich an Zuverlässigkeit und Haltbarkeit. Ganz zu Schweigen von der fehlenden Infrastruktur. Befestigte Straßen fanden sich allenfalls in großen Städten. Fahrten über Land auf leidlich bis gar nicht gefestigten Wegen, auf denen sich verlorene Hufnägel der Reit- und Kutschpferde wie Konfetti verteilten, erwiesen sich als zeitaufwändige, kraft- und nervenaufreibende Abenteuer. Und nicht zuletzt erforderte komfortfreies Reisen bei Wind und Wetter in einem offenen Fahrzeug echte Nehmerqualitäten.

Den Durchbruch für das Automobil als Verkehrsmittel brachte der erste Weltkrieg. Die erste ganze Kontinente umspannende kriegerische Auseinandersetzung der Menschheit wäre von 1914 bis 1918 nicht über vier Jahre führbar gewesen, wenn nicht massenweise motorisierte Transportmittel zum Einsatz gekommen wären, die Millionen zählende Heere bewegen und mit Nachschub versorgen konnten.

Paradoxerweise hatte der Krieg dem Automobil den erforderlichen technischen Schub verliehen, aber durch seine drastischen ökonomischen Folgen gleichzeitig verhindert, dass sich nach dem Schweigen der Waffen das Auto als Transportmittel für breite Schichten etablieren konnte. Zumindest nicht in Europa.

Somit entwickelte sich in der „Alten Welt" nach Ende des Ersten Weltkriegs eine extrem polarisierte Autolandschaft. Es etablierten sich einerseits zahlreiche Luxusmarken, die die wohlhabenden bis ex-

Autos vom Fließband: Ford revolutionierte ab 1908 die industrielle Fertigung mit der Einführung der Fließbandproduktion im Automobilbau. Diese Produktionstechnik veränderte die gesamte Industrie.

trem reichen, aber zahlenmäßig nicht relevanten Profiteure des Krieges mit geringen Stückzahlen exklusiv von Hand gefertigter Fahrzeuge bedienten und die heute nur noch Autoenthusiasten bekannt sind, wie beispielsweise Fafnir, Dux oder Dürkopp aus Deutschland, Isotta-Fraschini aus Italien, Elizalde aus Spanien oder Voisin und Bucciali aus Frankreich. Spätestens die weltweite Wirtschaftskrise im Schatten des „Schwarzen Freitags" an der Wall Street am 25. Oktober 1929 raffte die letzten dieser Manufakturen dahin.

Auf der anderen Seite entstand eine kaum übersehbare Zahl von Anbietern, die sich dem löblichen Unternehmensziel verschrieben hatten, bezahlbare Autos für breitere Schichten zu bauen. Dieser Zielsetzung standen jedoch in allen Fällen ein umfassender Mangel an Kapital für die Entwicklung eines Großserienfahrzeugs und die erforderlichen Investitionen für die hierzu notwendigen Fertigungseinrichtungen im Wege.

Das Vorbild eines Volkswagens, also eines Autos, das von einfacher aber zuverlässiger Konstruktion war, in Massen gefertigt und zu einem günstigen Preis verkauft werden konnte, existierte bereits seit 1908. Henry Ford (1863-1947), Ingenieur aus Dearbornville im US-Bundesstaat Michigan, hatte sich dem Automobil verschrieben, nachdem er 1893 auf der Weltausstellung in Chicago sein erstes motorisiertes Fahrzeug gesehen hatte. Drei Jahre später fuhr bereits sein erstes eigenes Auto.

Ford erkannte sofort die Möglichkeiten des jungen Transportmittels. Darum beschäftigte er sich von Anfang an mit Fahrzeugkonzepten, die sich für eine industrielle Fertigung eigneten. Ab 1903 setzte er diese Konzepte in der von ihm gegründeten „Ford Motor Company" um, die mit 8729 produzierten Autos bereits 1906 Weltmarktführer war. In seinem 21. Lebensjahr war das Automobil sozusagen volljährig geworden.

Die Vereinigten Staaten boten als Flächenstaat mit hoch entwickelter Industrie bereits zu Beginn des 20. Jahrhunderts die besten Voraussetzungen für die Entwicklung des Autos als Massentransportmittel. Zudem musste das Land wegen des späten Eintritts in den ersten Weltkrieg ab 1917 nur in geringem Umfang ökonomisch unter den Folgen dieser Auseinandersetzung leiden.

Diese Rahmenbedingungen und das Genie Henry Fords bildeten die Grundlage für den ersten „Volkswagen" der Welt, der als Ford T ab 1908 in Produktion ging. Das Auto bot vier Plätze, der Vierzylinder mit 2894 Kubikzentimetern Hubraum leistete standfeste 20 PS, die eine Dauerhöchstgeschwindigkeit von 65 km/h erlaubten.

Ford definierte die wesentlichen Eigenschaften eines Volkswagens, an deren Prinzip sich bis heute nichts geändert hat: Eine einfache Konstruktion, die leicht und damit preiswert zu produzieren ist. Die Einfachheit bedingt für den Kunden nicht nur einen niedrigen Kaufpreis, sondern auch Zuverlässigkeit und geringen Wartungsaufwand. Henry Ford „erfand" für die Massenfertigung eines solchen Volkswagens das unumgängliche Fließband. Dessen Funktionsprinzip hatte er von den riesigen Schlachthöfen in Chicago übernommen, die das ganze Land mit Fleisch versorgten und die Rinder und Schweine täglich zu Tausenden verarbeiteten, indem sie das Arbeitsmaterial mit einem Förderband an den einzelnen Arbeiter transportierten, der nur einen einzigen Handgriff zu verrichten hatte.

Zu den weiteren Voraussetzungen für den ersten erfolgreichen Volkswagen gehörte ein straffes Modellprogramm. Kein Angebot an Sonderausstattung, Schwarz als ausschließliche Lackfarbe (weil seinerzeit als einziger schnell trocknender Lack verfügbar) und komplexere Komponenten komplett von spezialisierten Zulieferern montagefertig von außen geliefert. Ford organisierte den Bau von Autos weniger als

Henry Ford mit seinem ersten und dem 10 Millionsten Fahrzeug der Marke, ein Modell T, Anfang 1920.

Der österreichische Ingenieur Béla Barényi (1907-1997) entwarf das Konzept des späteren Volkswagens bereits in den Jahren 1925/26.

Produktion mit großer Fertigungstiefe, sondern als Montagevorgang mit einer möglichst hohen Taktzahl.

1913 funktionierte dieses System bereits perfekt und ermöglichte eine Tagesproduktion von 650 Autos. Der Jahresgewinn spülte Henry Ford elf Millionen Dollar in die Kassen. Darum entschloss sich Ford, seine Belegschaft an dem Erfolg zu beteiligen, indem er den damals sensationellen Mindestlohn von fünf Dollar am Tag bezahlte und die Fünftagewoche einführte. Diese Entscheidung ließ sich einerseits als soziale Großtat feiern, fußte aber mehr auf Fords rationaler Erkenntnis, dass er für ein Massenprodukt mit so hohen Ausstoßraten auch breite Käuferschichten bis hinein in die Arbeiterschaft erschließen musste, damit die sich einen Ford T auch leisten konnte.

Somit kamen Produkt, Fertigung und Einschätzung des Marktes zu einer Übereinstimmung und führten schnell zum sensationellen Erfolg. 1923 baute Ford 1.817.891 T-Modelle und damit mehr Autos von einem Typ, als alle anderen Modelle der restlichen amerikanischen Hersteller zusammen. Das Rezept funktionierte bis zum Produktionsende 1927 nach 15.007.031 Einheiten. Es zeigte aber gleichzeitig auch die Gefahren auf, die in einem solchen Konzept des Volkswagens schlummern. Die Monokultur des T-Modells über fast zwei Jahrzehnte hatte bei Ford den Blick für technische Weiterentwicklungen und Veränderungen des Marktes vernebelt und dadurch ab Mitte der Zwanziger den gerade noch so erfolgreichen Hersteller in ernste Schwierigkeiten gebracht.

Henry Ford und sein T-Modell verdienten diese eingehendere Betrachtung, weil sie den Samen bildeten, aus dem die Idee und Umsetzung eines, beziehungsweise des Volkswagens in Deutschland keimte, schließlich zaghaft spross und später zu eindrucksvoller Blüte gedieh. Fords Erfolge beflügelten die Phantasie vieler deutscher Autokonstrukteure in den Jahren nach dem Ersten Weltkrieg. Die Fachpresse der Weimarer Republik erhob den „Volkswagen“ zu einem zentralen Thema.

1925 war das real existierende, preiswerte Auto für eine breitere deutsche Käuferschicht das Modell „2/10 PS“ der „Hannoverschen Maschinenbau AG“, die unter ihrer Telegrammadresse „Hanomag“ als Automobilhersteller reüssieren durfte. Zwei anspruchslose Erwachsene vermochte der Zweisitzer von Hanomag mit einem Zylinder und zehn PS auf maximal 65 km/h zu beschleunigen. Trotz eines hohen Einsatzes von Materialien, die sonst eher in der Verpackungsindustrie Verwendung finden, kostete der Hanomag mit Klappverdeck 1975 Reichsmark. Das war nicht wirklich ein volkstümlicher Preis und der Volksmund dichtete über den Kleinstwagen, der bis 1929 15.775 Mal entstand: „Zwei Kilo Blech, ein Kilo Lack, fertig ist der Hanomag.“

Die Volkswirtschaft der Weimarer Republik als politischer Konkursverwalter des zusammengekrachten Kaiserreichs war viel zu schwach, um eine nennenswerte Zahl ihrer Bürger in die Lage zu versetzen, sich die Mittel für die Anschaffung eines Autos zu erarbeiten. Die Hyperinflation von 1923 hatte 500 Trilliarden Papiermark in Umlauf gebracht und damit die letzten pekuniären Vermögenswerte in Deutschland, die nicht bereits in Kriegsanleihen unwiederbringlich verpufft

Ferdinand Porsche (1875-1950) entwickelte im Auftrag des Reichsverbandes der Automobilindustrie ab 1934 mit seinem Stuttgarter Büro den deutschen Volkswagen, später auch den KdF-Wagen.

Der am 3. September 1875 in Maffersdorf in Österreich-Ungarn geborene Porsche (rechts) sammelte mit seinen erfolgreichen Rennwagenkonstruktionen frühe Meriten als Fahrzeugkonstrukteur.

waren, ebenso vernichtet wie die Ergebnisse jeder individuellen Arbeitsleistung. Darüber hinaus drückten die junge Republik unvermindert gewaltige Lasten für Reparationsleistungen. 1925 waren in Deutschland gerade 171.000 Automobile registriert, in Amerika dagegen bereits 17.481.000. In Frankreich fuhren 476.000 Autos, in Großbritannien 580.000.

1925, als Markt und industrielles Potenzial in Deutschland keine quantitativ und qualitativ überzeugenderen Volkswagen als den kleinen Hanomag hervorbringen konnten, schlug jedoch die Geburtsstunde für die Idee des echten Volkswagens, der Jahrzehnte lang die Geschichte des Automobils bestimmen sollte. Béla Barényi, ein hochbegabter Absolvent des Wiener Technikums, 1907 in der österreichischen k.-und-k.-Monachrie geboren, verfasste mit 18 Jahren in seiner Abschlussarbeit die dezidierte Beschreibung eines volkstümlichen Autos unter dem Titel „Fahrgestell-Entwurf für einen Volkswagen".

Ferdinand Porsche, der Konstrukteur und Entwickler, der den Volkswagen später realisierte, griff die Ideen des Exposés für seine eigenen Arbeiten auf und hatte zeitlebens ein Problem, den Beitrag seines jungen Landsmanns zum Volkswagen angemessen zu würdigen. Erst 1954 gelang es Barényi, die offizielle Anerkennung seines Zutuns zum Volkswagen gerichtlich zu erstreiten. Und er durfte es bis zu seinem hochbetagten Ende mit 90 Jahren erleben, dass seine eigenen Erfindungen wie die Sicherheitsfahrgastzelle mit Knautschzone, die Sicherheitslenksäule, der Seitenaufprallschutz und der Cabrioüberrollbügel die technische Weiterentwicklung des Automobils weit nachhaltiger beeinflussten, als es Ferdinand Porsches Innovationen für den Volkswagen letztendlich vermocht hatten.

Die herausragende Leistung von Ferdinand Porsche in ihren historischen Dimensionen bestand darin, den Volkswagen nicht nur praktisch zu verwirklichen, sondern darüber hinaus ein umfassendes Konzept zu entwickeln, das nicht nur das Produkt umfasste, sondern auch Fertigung und Vermarktung mit einschloss. Und schließlich auch noch die Umsetzung der komplexen Aufgabenstellung in die Wirklichkeit darzustellen. Und daraus eine Erfolgsgeschichte zu schreiben.

Der am 3. September 1875 in Österreich geborene Ingenieur hatte sich als Entwicklungs- und Produktionsleiter der „Oesterreichischen Daimler-Motorenwerkegesellschaft" (Austro-Daimler) in Wiener Neustadt bis Ende des Ersten Weltkriegs mit seinen zahlreichen Entwicklungen höchste Orden der k.-u.-k.-Monarchie und eine Ehrendoktorwürde erarbeitet. Diese Festanstellung beendete er 1923 ebenso wie die folgende bei der „Daimler Motorengesellschaft" in Stuttgart 1928 nicht zuletzt wegen Differenzen um Etats, die seine zahlreichen, aber gelegentlich auch aufwändigen und nicht immer zwingend erfolgreichen Konstruktionen erforderten – und wegen seiner andauernden Arbeiten am Konzept des „Volkswagens", von dessen Erfolg Porsche auch zu einer Zeit allgemeiner wirtschaftlicher Probleme überzeugt war, trotz sieben Millionen Arbeitsloser in Deutschland.

Diese Überzeugung und sein anerkannt auf festem Sockel ruhendes Selbstbewusstsein führten Porsche zu dem Entschluss, am 1. Dezember 1930

Ferdinand Porsche und sein Chefingenieur Karl Rabe (1865-1968), mit dem er zusammen im Jahr 1931 das Konstruktionsbüro Porsche in Stuttgart gegründet hatte und der maßgeblich an der Entwicklung des Typ 356 sowie den luftgekühlten Porsche-Diesel-Traktoren beteiligt war.

An diesem Typ 8/9, den Porsche 1931 für die Firma Wanderer entworfen hatte und als Dienstwagen nutzte, lassen sich – besonders im Heckbereich – bereits die Ursprünge der Käferform erkennen. Der mit einem 3,5-Liter-Achtzylinder ausgestattete Prototyp ging allerdings nie in Serie.

Fahrzeugfertigung bei NSU in Neckarsulm, Mitte der 1930er Jahre: Der Hersteller beauftragte 1932 Ferdinand Porsche mit der Entwicklung eines Fahrzeugs nach seinem ersten Konzept eines Volkswagens.

in Stuttgart ein selbstständiges Konstruktionsbüro für fahrzeugtechnische Konzepte und Entwicklungen zu gründen.

1931 beauftragte die „Zünder- und Apparatebaugesellschaft" (Zündapp) aus Nürnberg Porsches Büro mit der Entwicklung eines Autos für den Transport von vier Personen. Der 1917 gegründete Spezialist für Zweiräder hatte in den Dreißigern den Sprung unter die fünf größten Motorradbauer Europas geschafft. Potenzial und Erfahrung für die Massenproduktion von individuellen Transportmitteln war also vorhanden, der nächste Schritt zum Autoproduzenten aus unternehmerischer Sicht nur folgerichtig. Bei der Vorstellung des Projekts vor der Presse tauchte erstmals der Begriff „Volkswagen" auf.

Die Rahmenbedingungen, beziehungsweise das Lastenheft für das Projekt, das bei Porsche die Entwicklungsnummer 12 erhielt, fixierte folgende Eckdaten: Radstand 2500 Millimeter, Spurbreite 1250 Millimeter, Radaufhängung an Schwenkachsen, Heckmotor, wassergekühlter Zweizylinder, drei Vorwärts-, ein Rückwärtsgang, maximales Chassisgewicht 325 Kilo und rund 75 km/h Höchstgeschwindigkeit. Gegen ein Honorar von 80.000 Reichsmark sollte Porsches Büro das Auto in neun Monaten zur Prototypenreife bringen.

Die Vorgaben Zündapps wiesen große Übereinstimmungen mit Porsches eigenen Überlegungen zu einem Volkswagen auf. In puncto Motorisierung wich der Auftraggeber schnell vom Zweizylinder ab und verstieg sich auf einen Fünfzylinder-Sternmotor mit 1,5 Liter Hubraum und Wasserkühlung. Ein derart exotisches Antriebskonzept schaffte es letztendlich in der gesamten Geschichte des Automobils nicht unter die Haube eines Fahrzeugs.

Bei der Gestaltung der Karosserie setzte Ferdinand Porsche erstmals die unverwechselbare Linie um, die schließlich auch die Form des Käfers charakterisierte. Diese markante Gestaltungslinie, mit dem runden Bug, der vom Dach bis zum Heckabschluss sanft abfallenden Rundung und den ausgeprägten Kotflügeln war weniger das Ergebnis eines kreativen Geniestreichs als vielmehr aus modernsten technischen Erkenntnissen im Bereich der Aerodynamik und des Flugzeugbaus heraus entwickelt, die der damals elektrisierende Begriff „Stromlinie" zusammenfasste. In der physikalischen Disziplin der Strömungslehre beschreibt der Begriff Stromlinie „geometrische Hilfsmittel zur anschaulichen Beschreibung von Strömung".

1931, als sich das vorherrschende automobile Schönheitsideal noch immer an der hoch bauenden

Grundform nunmehr praktisch ausgestorbener Pferdekutschen orientierte, war die Idee der Stromlinie, jener vom Flugzeugbau beeinflussten Formgebung mit signifikant verbessertem Luftwiderstandbeiwert, durch das Attribut „revolutionär" nur milde beschrieben.

Gerade hatten erste innovative Hersteller von Luxus- und Sportwagen behutsam begonnen, ihren Autos schlank zulaufende Hecks zu verpassen. Mit der Einführung der so genannten „Boat-Tails" zeichneten sich beispielsweise die amerikanische Marke Duesenberg mit dem Modell SJ oder Alfa Romeo mit dem 6C als stilbildend aus. Das erste Serienauto der Welt mit konsequenter Stromlinienkarosserie war schließlich 1934 der Chrysler „Airflow". Der um 40 Prozent reduzierte Luftwiderstand der Karosserie ermöglichte eine Höchstgeschwindigkeit von 150 km/h bei einer Leistung von 122 PS. Das Publikum honorierte den radikalen Umbruch der Autoform trotz der technischen Vorzüge nicht. Der Airflow floppte.

Die Zusammenarbeit zwischen Porsche und Zündapp kam über drei Prototypen nicht hinaus, bei denen nicht zuletzt die Alltagstauglichkeit zu wünschen übrig ließ. Dabei zählten die thermischen Probleme bei der Kühlung des Sternmotors zu den herausragenden Unzulänglichkeiten.

1932 sprach NSU bei Porsche vor und erteilte den Entwicklungsauftrag für ein Fahrzeug, dessen Rahmendaten deutliche Ähnlichkeiten mit dem Prototypen von Zündapp aufwiesen. Der 1873 als „mechanische Werkstätte zur Herstellung von Strickmaschinen" gegründete Betrieb hatte 1880 seinen Sitz an die Mündung des Flüsschens Sulm in den Neckar verlegt und 1886 mit der Produktion von Fahrrädern begonnen. Ab 1901 etablierte sich das Unternehmen als deutscher Motorradpionier, was 1913 zur Umbenennung in „Neckarsulmer Fahrzeugwerke AG" und der offiziellen Einführung des Markenzeichens „NSU" führte. 1925 hatte sich NSU zum Bau von Autos und der Errichtung eines passenden Werks im benachbarten Heilbronn entschlossen. Wirtschaftliche Probleme führten 1928 zum Verkauf des Werks an Fiat (Fabbrica Italiana Automobili di Torino) aus Italien und die Gründung der „NSU Automobil AG Heilbronn".

Der Entwicklungsauftrag an Porsche war der letzte Versuch, die Autoproduktion zu einem Zeitpunkt zu retten, an dem sich die Wirtschaftskrise ihrem tiefsten Punkt näherte und die deutsche Bevölkerung ihr karges Brot pro Jahr mit 500.000 Tonnen Margarine schmieren musste. 1913 hatte der Anteil an Butter am deutschen Bedarf für Speisefett noch bei 300.000 Tonnen gelegen.

Andererseits liegt auch die Vermutung nahe, dass NSU gar nicht die Absicht hatte, den „Volkswagen" tatsächlich zu produzieren, weil die Neckarsulmer beim Werksverkauf an Fiat mit den Italienern vertraglich vereinbart hatten, 50 Jahre lang keine eigenen Autos zu bauen. Der Entwicklungsauftrag an Porsche konnte deshalb als Unterstützung des Konstruktionsbüros in schlechten Zeiten verstanden werden.

Ferdinand Porsche nutzte den großzügigen Ermessensspielraum, den ihm der neue Auftraggeber bei der Entwicklung eingeräumt hatte, um beim NSU-Porsche Typ 32 bereits alle maßgeblichen technischen und formalen Grundlagen zu verwirklichen, die den späteren Käfer auszeichneten. Dazu gehörten unter anderem der luftgekühlte Boxermotor mit vier Zylindern im Heck, seine Erfindung der Drehstabfederung für das Fahrwerk sowie die Proportionen der Karosserie und wesentlichen Karosseriekomponenten.

Auf identischer technischer Basis entstanden drei verschiedene Karosserieaufbauten aus der damals üblichen Kombination von Holz und Stahlblech. Für jeden Prototyp zeichnete ein anderer Karosseriespezialist verantwortlich. Das Karosseriewerk Weinsberg und die Karosseriewerke Drauz aus Heil-

Auf Basis des Prototyps „Auto für das Volk", der im Jahr 1932 unter der Projektnummer 12 für die Zündapp-Werke angefertigt wurde, entstand ein Jahr später beim Karosseriebauer Reutter der Typ 32. Dieses Fahrzeug steht heute in der Autostadt in Wolfsburg. Zwei weitere Limousinen baute seinerzeit die Heilbronner Firma Drauz.

Der Fiat 508 Balilla verkörpert die italienische Interpretation eines „Volks-Wagens". Zwischen 1932 und 1937 entstanden gut 160.000 Exemplare, wobei der Käufer die Wahl hatte zwischen der zweitürigen Limousine, dem Spider oder einem viersitzigen Cabrio, das als „Tornado" verkauft wurde.

bronn favorisierten eine Außenhaut komplett aus Stahlblech, während das renommierte Karosseriewerk Reutter aus Stuttgart seinen Prototypen mit einem Aufbau aus Sperrholz versah, der mit Kunstleder überzogen war.

NSU war nach dem Bau der Prototypen nicht einmal ansatzweise in der Lage gewesen, das Projekt weiter zu führen. Die allgemeine Situation der deutschen Wirtschaft und speziell der Autoindustrie schloss in jedem Fall Mittel für die Entwicklung eines solchen Projekts zur Serienreife und die dann erforderlichen Investitionen für Produktion und Vertrieb aus. Die Umsetzung von Ferdinand Porsches nunmehr konkretisierten Visionen eines Volkswagens aus deutscher Produktion erforderte zwingend eine dramatische Veränderung der politischen und ökonomischen Rahmenbedingungen.

Dass selbst unter den bis 1933 herrschenden volkswirtschaftlichen Voraussetzungen Porsches Visionen keine Illusion sein mussten, belegten Beispiele aus der Praxis anderer Länder. So brachte beispielsweise Fiat just in jenem Jahr den 508 Balilla heraus, einen revolutionären Kleinwagen mit einem Vierzylinder, der aus einem Liter Hubraum 20 PS schöpfte. Die Produktion an verschiedenen Standorten in Turin, aber auch in Frankreich, Deutschland, Polen und der Tschechoslowakei ermöglichte eine große Auflage und entsprechend niedrige Verkaufspreise. Der Balilla erreichte bis 1939 eine Auflage von mehr als 250.000 Exemplaren.

Die frühen Dreißiger waren jedoch nicht nur für die Autohersteller in Europa und besonders Deutschland extrem schwierig. Auch in den Vereinigten Staaten, bis Ende 1929 besonders im Automobilbereich im wahrsten Sinn des Wortes das „Land der unbegrenzten Möglichkeiten", hatten die Folgen des „Schwarzen Freitags" für drastische Veränderungen in der Autoindustrie gesorgt. Exzesse des Überflusses wie Cadillacs Baureihen mit 12- und 16-Zylinder-Motoren verabschiedeten sich vom Markt mit einer Halbwertszeit von Transuranen, ebenso Luxus-Marken wie Pierce-Arrow, Graham oder Franklin. Franklin hatte vor Ausbruch der Wirtschaftskrise 14.000 Autos per annum, darunter überwiegend Modelle mit Acht- und Zwölfzylindermotoren produziert. Trotzdem kam 1933 in den USA ein Auto auf fünf Erwachsene. In Deutschland nicht einmal eines auf 100.

1933 hatte die Weltwirtschaftskrise ihren Zenit erreicht. 30 Millionen Arbeitslose zählten die Industrienationen, zu denen die deutsche mehr als 20 Prozent beitrug. Die wirtschaftliche Instabilität war seit dem ersten Weltkrieg Hand in Hand mit der politischen in Richtung Katastrophe marschiert. Nach dem autoritären Kaiserreich und der totalen Niederlage im ersten Weltkrieg hatte die Weimarer Republik mit ihrer liberalen Verfassung nach britischem Vorbild die unterentwickelte demokratische Mündigkeit der Deutschen überfordert. Mehr als 30 Parteien im Reichstag, den bereits Kaiser Wilhelm II. als „Quasselbude" verunglimpft hatte, sowie eine bis zur Todfeindschaft polarisierte Kluft zwischen zwei starken Lagern aus extremen Linken und radikalen Rechten, führten fast zwangsläufig dazu, dass das Votum der deutschen Wähler in der Reichstagswahl vom 30. Januar 1933 eine demokratisch korrekte Mehrheit für den starken Mann der Rechten und seine Verheißungen von Recht, Ordnung und vor allem Arbeit für jeden ergab. Adolf Hitler und seine NSDAP brauchten die Macht in Deutschland nicht zu ergreifen. Sie waren schlicht mehrheitsfähig und erhielten die Führung des Staates durch eine völlig legal zustande gekommene Mehrheit der Wählerstimmen.

Der 1889 in Österreich geborene Tachinierer und ungelernte Postkartenmaler Adolf Hitler, den demagogisches Genie, Skrupellosigkeit und ein untrügliches Gespür für die Bedürfnisse und Sehnsüchte

Im Jahr 1932 schlossen sich die Autohersteller DKW, Audi, Wanderer und Horch im Zuge der großen Wirtschaftskrise zur „Auto Union" zusammen.

Der Grand-Prix-Wagen der Auto Union – wie hier der Auto Union Typ D beim GP von Reims im Jahre 1939 – war in den dreißiger Jahren eines der erfolgreichsten Rennfahrzeuge und zudem das erste Mittelmotorauto der Welt.

breiter Schichten an die Spitze des Deutschen Reichs getragen hatten, weniger indes konkrete Programme und Rezepte für die Lösung der drängendsten Probleme des Landes, war ein erklärter Autofan. Zu seinen ersten Amtshandlungen gehörte anlässlich der Eröffnung der „Internationalen Automobilausstellung" am 12. Februar 1933 in Berlin vor den versammelten Vertretern der deutschen Autoindustrie ein programmatisches Bekenntnis zum Automobil und dessen Produktion als „förderungswürdige, wichtigste Industrie der Zukunft".

Der „Automobil-Pressedienst" vom 10. Februar hatte das Ereignis folgendermaßen zusammengefasst: „Bei den Personenwagen wird die Ausstellung im Zeichen des billigen und wirtschaftlichen Kleinwagens stehen. Fast alle Werke haben die Erzeugung derartiger Kleinwagen in ihr Fabrikationsprogramm aufgenommen." – Die Politik hatte den Boden für einen „Volkswagen" bereitet.

Die Landsmänner Porsche und Hitler fanden über Umwege persönlich zueinander. Am 1. November 1931 war aus den unabhängigen Autobauern Audi, DKW, Horch und Wanderer der erste große deutsche Autokonzern entstanden: die Auto Union. Ein Wappen mit vier gleich großen, verschlungenen Ringen symbolisierte fortan die neue Marke. Die sah von Beginn ihrer Geschichte an, wie alle namhaften Autobauer, im Motorsport die adäquateste Form der Selbstdarstellung.

Motorsport ist fast so alt wie das Auto selbst. Am 22. Juli 1894 hatten sich Automobilisten zur ersten Wettfahrt der Welt in Paris getroffen, um denjenigen zu küren, der in der Lage war, als Erster das Ziel im 123 Kilometer entfernten Rouen zu erreichen. Der erste Grand Prix hatte 1906 32 Fahrzeuge in das französische Le Mans zusammengeführt. Bis in die Dreißiger hatten sich in Europa Siege bei Grand-Prix-Rennen zum Ausdruck nationalen Stolzes entwickelt. Die engagiertesten Hersteller eines Landes investierten Summen in den Rennsport, die denen der heutigen Formel 1 in ihrer Relation in nichts nachstanden. Mit unverwechselbaren Farben dokumentierten die Teilnehmer ihre nationale Zugehörigkeit. Französische Rennwagen trugen Blau, englische Grün, italienische Rot und deutsche Weiß.

Ferdinand Porsche, dessen Büro unter anderem bei Wanderer unter Vertrag stand, hatte längst das Konzept für einen Grand-Prix-Rennwagen in seiner Schublade. Im März 1933 sprachen Porsche, die deutsche Rennfahrerlegende Hans Stuck (1900-1978) und der Chef der Auto Union, Baron Claus-

Ferdinand Porsche war der Konstrukteur der legendären Rennfahrzeuge der Auto Union, die mit einem kompressoraufgeladenen V16-Motor im Heck antraten.

Vor insgesamt 70.000 Teilnehmer und etwa 600 Ehrengäste präsentierte Adolf Hitler im Mai 1938 persönlich den serienreifen „KdF-Wagen“ im Rahmen einer pompösen Feierstunde zur Grundsteinlegung des Volkswagenwerks auf einem Gelände bei Fallersleben nördlich von Braunschweig.

Detlof von Oertzen (1894-1991) bei Hitler vor, um über Fördergelder für das Projekt zu verhandeln. Unter dem günstigen Vorzeichen der Zusage fand Ferdinand Porsche bei diesem Termin auch die Gelegenheit, mit Hitler über Verkehrspolitik und „Volksmotorisierung“ zu plaudern. Porsche nutzte das Treffen, Hitler für seine Idee eines „Volkswagens“ zu begeistern.

Am 14. Januar 1934 reichte Porsche das fertige Konzept beim Reichsverkehrsministerium ein. Es umfasste nicht nur das Lastenheft für das Auto, sondern übernahm auch die Aufgabe einer „Verkaufsbroschüre“. Der Ingenieur traf den richtigen Ton, indem er schon im Rahmen der Einleitung die Erfolge der Regierung pries, mit dem Volksempfänger bereits ein erfolgreiches, technisch innovatives Massenprodukt gefördert und erfolgreich verbreitet zu haben. So sollte auf den Volksempfänger konsequenterweise nun der Volkswagen folgen.

War die Vermarktung der Idee des Volkswagens bei den zuständigen Regierungsstellen clever, so war Porsches Konzept und Lastenheft für das Auto gleichermaßen genial wie visionär. Er erteilte einem Kleinwagen, der in Maßen, Leistung und Ausführung so lange reduziert wird, dass er zu einem akzeptablen Preis angeboten werden kann, eine klare Absage: „Ein solcher Wagen kann zwar im Ankaufpreis, niemals aber vom Standpunkt einer gesunden Volkswirtschaft aus billig sein, da sein Gebrauchswert durch Verringerung der Fahrtbequemlichkeit und Lebensdauer nur äußerst gering ist. Ich verstehe unter einem Volkswagen daher nur ein vollwertiges Gebrauchsfahrzeug, das mit jedem anderen Gebrauchsfahrzeug gleichberechtigt in Wettbewerb treten kann.“

Die fünf Kernpunkte, in denen Porsche die erstrebenswerten Eigenschaften eines Volkswagens zusammenfasste, haben bis heute nichts von ihrer Gültigkeit für jedes kleine oder kompakte Automodell verloren. Diese Kernaussagen legten unter anderem fest, dass bei einem Volkswagen keine Abstriche bei Abmessungen, Fahreigenschaften, Lebensdauer, Leistungsfähigkeit in Sachen Handling, Steigfähigkeit und Höchstgeschwindigkeit sowie bei den Einsatzmöglichkeiten gemacht werden dürften. Ein relativ geringes Gewicht, Wartungsfreundlichkeit und sparsamer Verbrauch von Kraftstoff stellte Porsche als lösbare Aufgaben für die eigentliche Konstruktion dar.

Adolf Hitler begrüßte das Exposé und stärkte Porsches Position mit unbedingtem Rückhalt. Die deutsche Autolobby in Gestalt des „Reichsverbands der Automobilindustrie“ war gelinde formuliert wenig begeistert, dass ein einfaches Konstruktionsbüro eines Nichtmitglieds des Verbands einen so spektakulären Auftrag zur Entwicklung eines Volkswagens erhielt. Doch gegen die Durchsetzung des politischen Willens zur Massenmotorisierung offen zu opponieren, schien nicht angebracht. Besonders nicht, nachdem sich Adolf Hitler nach dem Tod des greisen Reichspräsidenten Paul von Hindenburg am 2. August 1934 zum Führer und damit uneingeschränkten Herrscher über Deutschland erklärt hatte. Eine Position, die er durch das so genannte „Ermächtigungsgesetz“ vom 23. März 1933 de facto bereits innehatte.

Wunsch und Wille des Führers zum Thema Volkswagen kommunizierte Hitler persönlich mit Nachdruck und diente somit Porsche als perfekter Propagandist bei der Umsetzung seines Konzepts. Anlässlich der Automobilausstellung 1934 tat der „Völkische Beobachter“ vom 9. März seinen Lesern

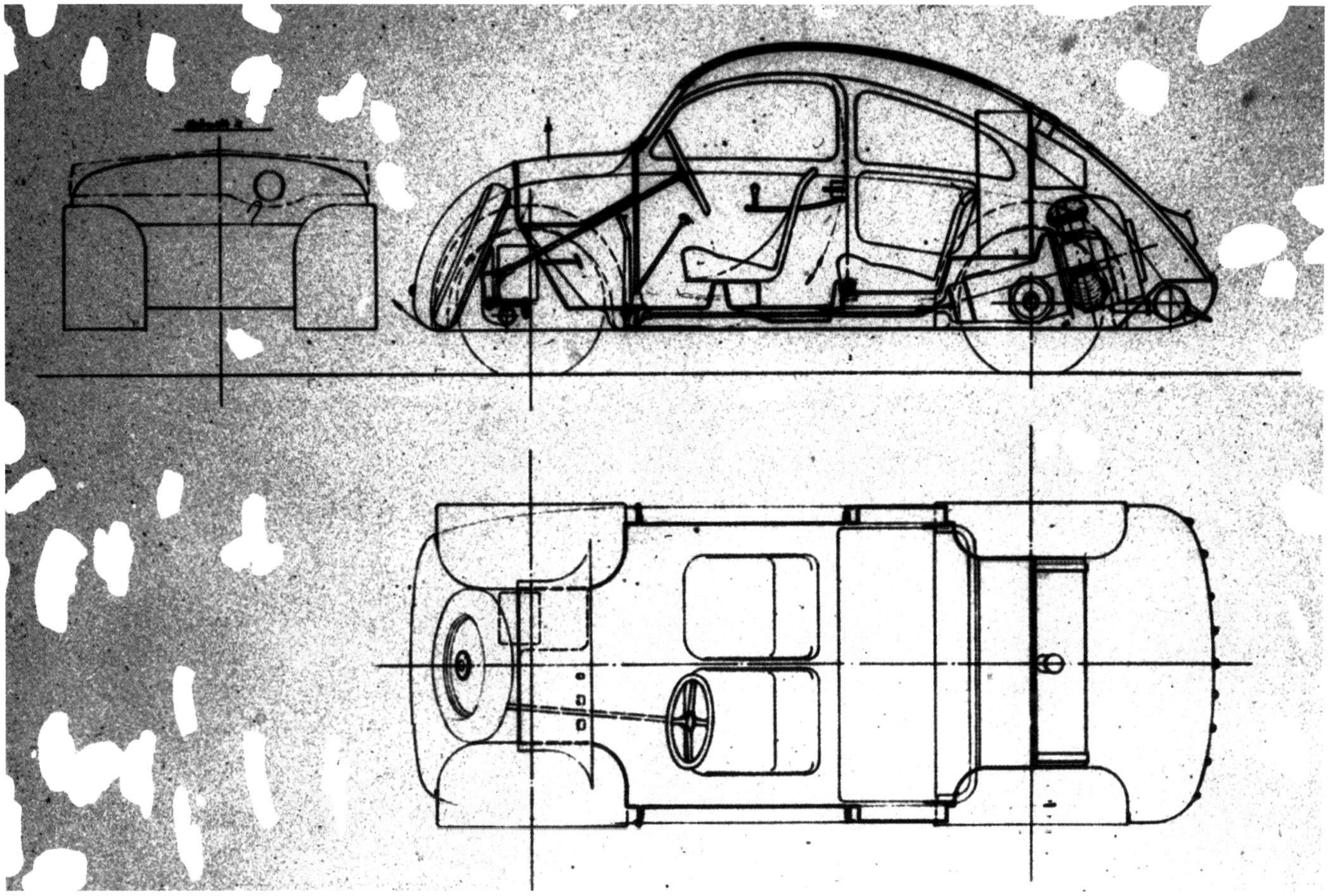

Die ersten Skizzen des künftigen Volkswagens legten das Raumkonzept mit Sitzen, Gepäckraum und Einbaulage des Motors fest.

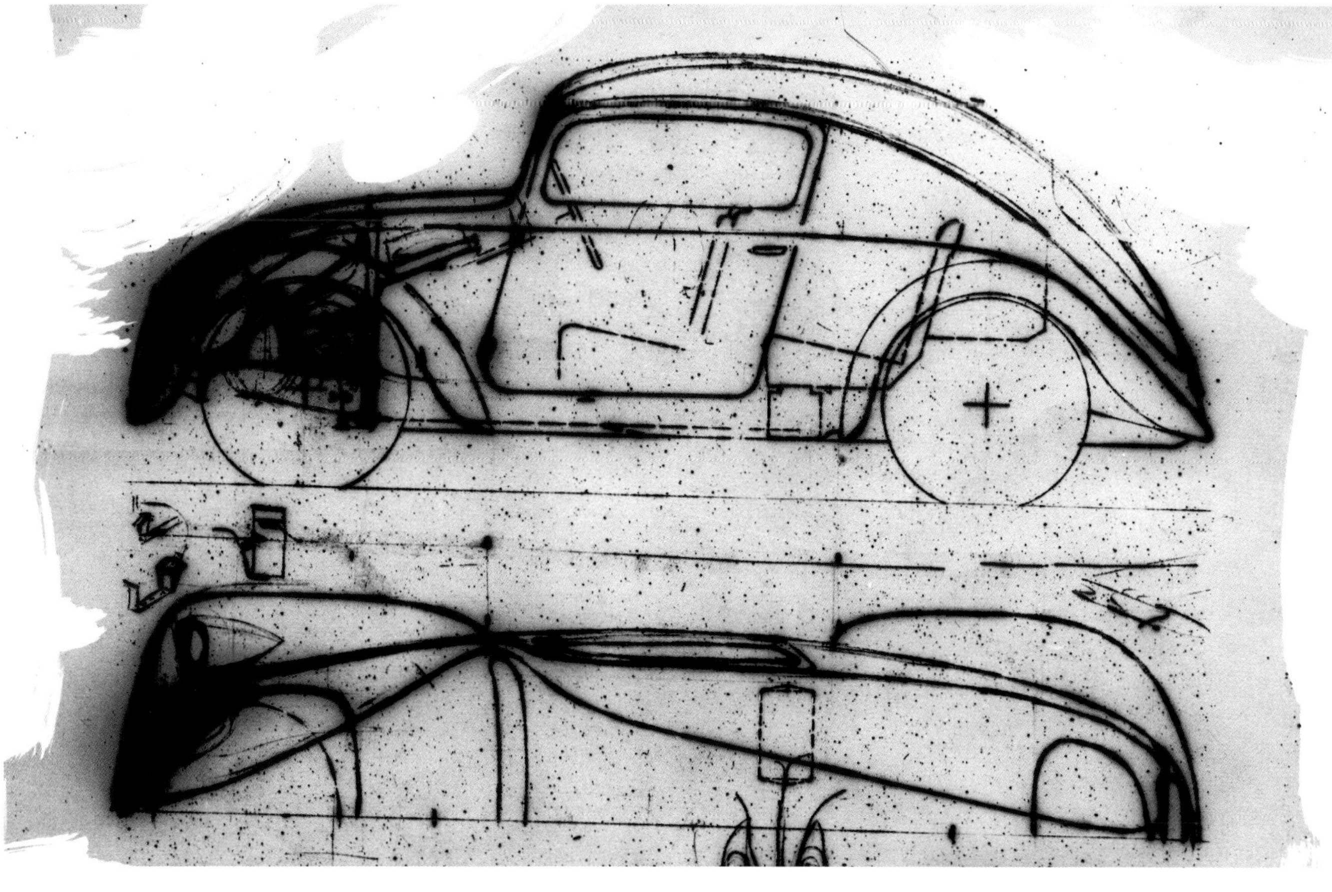

Bereits die ersten Pläne für den Volkswagen zeigten die charakteristische Dachlinie. Noch fehlten die hinteren Seitenfenster. Auch im Heck war ursprünglich keine Scheibe vorgesehen.

folgende Aussage Hitlers kund und zu wissen: „Abgesehen von einer enormen direkten Arbeitsbelebung durch den Bau von jährlich 200.000 bis 300.000 Kraftwagen würden auch die indirekten Folgen ganz außerordentlich sein… Es ist ein bitteres Gefühl, Millionen braver, fleißiger und tüchtiger Mitmenschen von vornherein von der Benützung eines Verkehrsinstruments ausgeschlossen zu wissen, das gerade für diese in ihren sonstigen Lebensmöglichkeiten beschränkten Schichten nicht nur nützlich sein könnte, sondern von ihnen vor allem an Sonn- und Feiertagen zur Quelle eines uns bekannten freudigen Glückes würde… Man muss den Mut haben, dieses Problem entschlossen und großzügig anzugreifen und zur Lösung zu bringen. Es ist daher der Wille der nationalsozialistischen Staatsführung, durch die Förderung des Automobilwesens nicht nur die Wirtschaft anzukurbeln und Hunderttausenden von Menschen Arbeit und Brot zu geben, sondern damit auch immer größeren Massen unseres Volkes die Gelegenheit zu bieten, dieses modernste Verkehrsmittel zu erwerben."

Am 22. Juni 1934 schloss der Reichsverband der Automobilindustrie mit Ferdinand Porsche einen Vertrag, der die Entwicklung eines Prototyps in einem Zeitraum von zehn Monaten vorsah. Das Honorar von 200.000 Reichsmark musste alle anfallenden Kosten decken. Dass dies eine unrealistisch kleine Summe war, die das Scheitern des Auftrags ganz offensichtlich implizierte, schreckte Porsche im Vertrauen auf seine persönlichen Kontakte nicht. Das Lastenheft des Volkswagens definierte auf Grundlage der Entwicklungen für Zündapp und NSU folgende Eckdaten: Radstand 2500 Millimeter; Spurbreite 1200 Millimeter; Leistung: 26 PS bei 3600/min; Höchstgeschwindigkeit: 100 km/h; Steigfähigkeit: 30 Prozent; Leergewicht: 650 Kilo; Verbrauch: rund acht Liter auf 100 Kilometer.

Die für die damalige Zeit ebenso exotisch wie technisch unrealistisch anmutende Ankündigung Porsches, einen vollgasfesten Motor entwickeln zu wollen, der es erlaubte, die Möglichkeiten der geplanten Autobahnen zu nutzen, sorgte für ein zusätzliches Handicap des Projekts, ebenso der geplante Endverbraucherpreis.

Der Konstrukteur war nach eigenen Kalkulationen von einem Preis von 1550 Reichsmark ausgegangen. Was durchaus günstig, aber für breite Schichten und die anvisierte Zielgruppe der Arbeiterschaft immer noch unerschwinglich war. Dagegen setzte Hitler per Federstrich den ausschließlich politisch und propagandistisch motivierten Preis von 990 Reichsmark, um das Ziel einer Massenmotorisierung in Deutschland auch wirklich zu erreichen.

Dieser Preis, der hart an der Grenze zur ökonomischen Irrealität segelte, war nicht zuletzt wegen seines demagogischen Potenzials so heiß. Und da die 990 Reichsmark mehr oder weniger Befehl waren, musste der Entwicklungsaufwand signifikant ansteigen und in jedem Fall den läppischen Kosten- und Zeitrahmen sprengen, den der Automobilverband Porsche gesteckt hatte. Auf die Frage nach der geeigneten Produktionsstätte für den Volkswagen hatte zu diesem Zeitpunkt keiner der Beteiligten eine ernsthafte Antwort.

Ferdinand Porsche ignorierte konsequent den zeitlichen und finanziellen Rahmen seines Vertrags mit dem Reichsverband und beschwichtigte dessen Mitglieder mit Besuchen, um die Möglichkeiten der künftigen Produktion des Volkswagens auszuloten, die im Interesse aller großen Hersteller lag. So reiste er ins sächsische Zschopau zum dort ansässigen DKW-Werk, nach Rüsselheim zur Adam Opel AG, oder in den nahe gelegenen Stuttgarter Vorort Untertürkheim zu Daimler-Benz und verhandelte. Die Entwicklungsarbeiten zogen sich in die Länge und erreichten einen bis dahin im deutschen Automobilbau nicht gekannten Aufwand. Nicht zuletzt wegen der dramatisch geringen Produktionskosten des Volkswagens und der versprochenen Vollgasfestigkeit seines Motors.

Es dauerte schließlich bis zum Verbandstreffen der Autoproduzenten am 31. Oktober und 1. November 1935, als Ferdinand Porsche den ersten fahrbereiten Prototyp seines Volkswagens präsentieren konnte. Nach Weihnachten fuhr der Wagen auf eigener Achse die 200 Kilometer lange Strecke von Stuttgart nach Berchtesgaden zum Obersalzberg zur offiziellen Präsentation vor Adolf Hitler.

Ferdinand Porsches Sohn Ferry fuhr persönlich mit seiner Frau den zweiten Volkswagen-Versuchsträgers 1935 zur Präsentation bei Adolf Hitler.

Der Weg zum 1000sten Käfer

2. Der Weg zum 1000sten Käfer

Schon im frühen Stadium der Konstruktionsphase zeigte sich, dass die Realisierung eines produktionsreifen Volkswagens einen immensen Aufwand und radikal neue Lösungen erforderte. Besonders der enge Kostenrahmen für den Verkaufspreis von 990 Reichsmark bereitete den beteiligten Entwicklern Kopfzerbrechen. Erst im Dezember 1936 kam die Konstruktion des Fahrgestells zum Abschluss. Die Entwicklungskosten stiegen. Am 31. Dezember 1937 bilanzierte der Reichsverband seinen Kostenanteil mit deutscher Gründlichkeit bereits auf 1.709.722,24 Reichsmark.

Im Juli 1937 hatte Porsche Adolf Hitler die Prototypen Zwei und Drei als Limousine und Cabriolet präsentiert und dabei einen realistischen Preis für den Endkunden von 1200 Mark avisiert. Der Führer reagierte auf die Technik des Volkswagens positiv, monierte eine Änderung des nach seiner Ansicht noch zu bauchigen Vorderwagens und beharrte auf einem Verkaufspreis unter der magischen Grenze von 1000 Reichsmark mit dem gleichen Nachdruck wie der Heilige Vater auf Marias jungfräuliche Empfängnis.

Im gleichen Monat waren nicht zuletzt wegen der Kostenfrage die schon seit Beginn des Projekts Volkswagen schwelenden Spannungen zwischen

Die dritte Generation von Versuchsfahrzeugen näherte sich optisch bereits deutlich an die endgültige Form des „KdF-Wagens“ an: Es ist einer von drei Typ 60 (zwei Limousinen, ein Cabrio) der Baureihe VW3 aus dem Jahr 1936.

der Reichsregierung und dem Reichsverband der Automobilindustrie eskaliert. Die im Verband organisierten Unternehmen hatten sich darauf verständigt, den Schwarzen Peter des ungeliebten Projekts Volkswagen der Regierung zuzuspielen. Der Verband erklärte, dass es besser sei, den Volkswagen außerhalb seiner Verantwortlichkeit zu realisieren und dass die Produktion der Regierung direkt unterstellt werden sollte. Was aus der Sicht des Verbandes als Befreiungsschlag gedacht war, erwies sich unter den herrschenden politischen Verhältnissen jedoch als Bumerang. Die Haltung des Verbands zerrüttete das Verhältnis zwischen nationalsozialistischer Regierung und einem wichtigen Industriezweig im Lande auf Dauer. Daran änderte sich auch nichts, nachdem 1938 Mercedes-Benz dem Führer eine sechs Meter lange Spezialanfertigung seines 180 PS starken Spitzenmodells 540 K als Friedenstaube dediziert hatte.

Wie weit die deutschen Autohersteller mit ihrer Modellpolitik von der Idee eines Volkswagens entfernt waren, zeigt ein Blick auf zwei Neuheiten des Modelljahrs 1933. Im oberen Ende des Angebots präsentierte Horch den „600“ mit einem Sechsliter-Zwölfzylinder, der 120 PS leistete. Der Anschaffungspreis von mindestens 25.000 Reichsmark galt in der Klasse als günstig, ein großer Mercedes 500 K war noch einmal bis zu 20.000 Reichsmark teurer, doch entsprach schon der Preis für den Horch dem einer hübschen freistehende Immobilie im Grünen. Im Souterrain des Autoangebots bewegte sich der „Stromer“ des Motorradherstellers Framo aus Sachsen, ein dreirädriger Kleinwagen mit einem 200-Kubikzentimeter-Zweitakter von DKW, dessen sechs PS gut für 60 km/h sein sollten. Doch diese Formel klein = preiswert ging nicht auf. Der deutsche Volkskörper hatte anno 33 noch kein Gefühl für jene erotisierende Wirkung der Sparsamkeit entwickelt, mit der über 70 Jahre später Elektronikdiscounter erfolgreich zum Konsum verführen. Nach 350 Stromern stellte Framo dessen Herstellung ein.

Trotz der schwierigen Lage, in der sich die Weltwirtschaft in der ersten Hälfte der Dreißiger des 20. Jahrhunderts weiterhin bewegt, entsprangen der Innovationskraft der Autokonstrukteure bahnbrechende Neuerungen. 1934 stellte beispielsweise Citroën mit dem „Traction Avant“ das erste Großserienauto der Welt mit einer selbsttragenden Karosserie aus Stahlblech vor. Außerdem verfügte der Citroën, der bis 1957 in einer Auflage von mehr als 700.000 Exemplaren entstehen wird, über einen Frontantrieb. Dieses Antriebsprinzip ermöglichte eine signifikante Verbesserung des Platzangebots im Innenraum und im Gepäckraum, weil Kardanwelle und Hinterradantrieb entfallen. 1959 führte der englische Hersteller Morris beim Mini das Antriebskonzept mit einem quer eingebauten Motor bei den Kleinwagen ein. 1974 perfektionierte schließlich VW diese Antriebskonfiguration beim Golf und etablierte sie als Standard bei den Automobilen der Kompaktklasse und später auch in der Mittelklasse.

Dass Ferdinand Porsche beim Volkswagen mit der Stromlinie technisch den richtigen Riecher gehabt hatte, bestätigten zunehmend andere internationale Autofirmen von Ruf. 1935 begeisterte Tatra die Experten mit dem „77“, der formal die Stromlinienform mit einem langen und schmal auslaufenden Heck perfektionierte. Wie beim Volkswagen saß ein luftgekühlter Motor (3-Liter-V8) im Heck, dessen 60 PS die damals Aufsehen erregende Höchstgeschwindigkeit von 150 km/h ermöglichten. Während Tatra den luxuriösen 77 per Handarbeit in nur kleinen Stückzahlen fertigte, bewies der französische Hersteller Peugeot im gleichen Jahr mit seinem 402, dass die Stromlinienform nun auch den Geschmack des Publikums treffen konnte. Das Modell entstand nach neusten Erkenntnissen der Aerodynamik und wurde ein großer Verkaufserfolg.

Die Kompressor-Modelle von Mercedes – 540 K (links) und 770 K – rangierten in den 1930er Jahren am anderen Ende der Preisliste für Automobile aus deutscher Fertigung. Sie kosteten mindestens das 30-fache des avisierten Preises für den „KdF-Wagen“ von 1000 Reichsmark.

Unter den aufmerksamen Augen des Konstrukteurs traten die Vorserienfahrzeuge ihre ausgiebigen Versuchsfahrten von Stuttgart aus an.

Bei Daimler-Benz in Sindelfingen entstanden 1937 insgesamt 30 Exemplare des Prototyp VW 30 (19 Limousinen und ein Cabrio). Die Türen waren an der B-Säule angeschlagen und ein Heckfenster gehörte offensichtlich noch nicht zum Gesamtkonzept.

Um die anvisierten Entwicklungsziele und die für den Preis von unter 1000 Reichsmark erforderlichen Produktionstechniken des Volkswagens tatsächlich zu realisieren, hatte der Aufwand bis 1936 jeden Rahmen gesprengt, den die Konstruktion eines Autos bis dahin erfordert hatte. Das Ziel der Vollgasfestigkeit konnte nur durch ein Testprogramm erreicht werden, das das umfangreichste wurde, das die Geschichte des Autos weltweit bislang erlebt hatte.

Zwischen dem 12. Oktober und dem 18. Dezember 1936 absolvierten die drei aktuellen Prototypen der Serie 3 jeweils einen Dauertest über 50.000 Kilometer. Die Autos legten von Stuttgart aus pro Tag zwischen 800 und 1000 Kilometer zurück. Der Betrieb war in zwei Schichten aufgeteilt, so dass die Autos am Tage ständig unterwegs waren und nachts kontrolliert und gewartet werden konnten. Als Basis und Werkstatt dienten die Garagen, die zu Ferdinand Porsches Villa in Stuttgarts bester Lage auf dem Killesberg gehörten. Rund die Hälfte der Teststrecke führte mit Vollgas über eine der ersten Strecken der neuen Autobahn zwischen Heidelberg und Bad Nauheim, das restliche Testprogramm erfolgte auf einer genau festgelegten Rundstrecke durch den Schwarzwald mit den unterschiedlichsten Straßen- und Höhenprofilen. Um die künftigen Belastungen des Autos im Alltagsbetrieb möglichst realistisch zu simulieren, waren stets zwei Personen an Bord, ein Drittel des Testmarathons absolvierten die Prototypen mit drei Insassen und den Rest mit vier Personen und Gepäck.

Das Ergebnis der Tests protokollierte ein 96-seitiger Bericht, der am 27. Januar 1937 vorlag. In keinem Bereich der Konstruktion waren gravierende Mängel zu Tage getreten. Die Motoren mit einem Liter Hubraum und einer Leistung von 23,5 PS hatten im Wesentlichen ihre Vollgasfestigkeit unter Beweis gestellt. Probleme mit den gegossenen Kurbelwellen oder Pleuelbrüchen konnten die Entwickler ohne großen Aufwand lösen. Wichtig war, dass die Testauswertung ergab, dass sich die Konstruktion in ihren Grundzügen bewährt hatte. Zwar stellte der Report fest, dass beispielsweise Vorderachse und Bremsen noch weiter gehende Entwicklungsarbeit und gründlichere Tests erforderten, doch überzeugten Fahreigenschaften, Fahrleistungen und der Verbrauch.

Das Resümee des Berichts las sich wie folgt: „Es ist zu erwarten, dass die nächsten 30 Probewagen, deren Herstellung in einer mit allen modernen Einrichtungen versehenen bewährten Automobilfabrik unter Ausnutzung der Erfahrungen dieser Versuchs-

Beim „KdF-Wagen" ging man in der Vermarktung vollkommen neue Wege: Mit Sparmarken zum Preis von jeweils fünf Reichsmark konnten Kunden den Kaufpreis von 990 Reichsmark ansparen, indem sie die erworbenen Marken in insgesamt vier Sparbücher klebten. Die Sparbücher selbst kosteten nochmals eine Reichsmark pro Stück ...

fahrt im Gange ist, bei einer neuen, ebenso systematisch durchgeführten Dauerprüfung wesentlich bessere Ergebnisse bringen werden."

Neben den von Hitler gewünschten Änderungen der vorderen Karosserielinien wies auch das Heck noch einen neuralgischen Bereich auf. Der Blick nach hinten war bei den Prototypen extrem eingeschränkt, es stand nur ein winziges, rechteckiges Fenster neben den Kühlschlitzen zur Verfügung. Rückspiegel gehörten in jenen Tagen grundsätzlich nicht zur serienmäßigen Ausstattung von Automobilen.

Am 17. Februar 1937 stellte Ferdinand Porsche kurz vor der Eröffnung der Automobilausstellung in Berlin Adolf Hitler die nächste Vorserie in München vor. Am Abend vor der Eröffnung der Ausstellung gab Hitler im Rahmen eines Banketts vor über 400 führenden Köpfen der deutschen Automobilwirtschaft bekannt, dass er Dr. Robert Ley, den Leiter der „Deutschen Arbeitsfront", beauftragt hatte, die Vorbedingungen für den Volkswagen zu schaffen. Diese Maßnahme war nach Aussage Hitlers erforderlich geworden, weil die Automobilindustrie versagt hatte.

Die Deutsche Arbeitsfront war der Einheitsverband von Arbeitnehmern und -gebern, der am 10. Mai 1933 aus den freien Gewerkschaften unter Einzug deren Vermögens und der Abschaffung des Streikrechts hervor gegangen war. Der Verband erreichte 1942 seine höchste Mitgliederzahl von 25 Millionen. Der Leiter der „DAF", Dr. Robert Ley (1890-1945), ein fanatischer Nationalsozialist und früher Gefolgsmann Hitlers, führte einerseits die Organisierung der Sozialversicherung für die Mitglieder ein, organisierte aber auch die Gleichschaltung von Arbeitswelt und Freizeit im Sinne der nationalsozialistischen Ideologie und gründete die für Freizeit und touristische Aktivitäten zuständige DAF-Unterabteilung „Kraft durch Freude" (KdF). Ley leitete die DAF bis zum Untergang des Dritten Reichs und entzog sich einer Anklage im Nürnberger Kriegsverbrecherprozess durch Freitod.

Die endgültige Übernahme des Projekts Volkswagen durch die Politik besiegelte am 26. Mai 1937 die Gründung der „Gesellschaft für die Vorbereitung des Volkswagens" in Berlin – im Stil der Zeit kurz „Gezuvor" genannt. Die Arbeitsteilung des leitenden Triumvirats sah folgendermaßen aus: Professor Dr. Ferdinand Porsche übernahm die technische Aufsicht über das Projekt, Dr. Bodo Lafferenz (1897-1974), Geschäftsführer der KdF-Organisation, Standortsuche und Planung des Volkswagenwerks, und Jakob Werlin (1886-1965), Hitlers Berater zum Thema Automobil, verantwortete die Koordination des Projekts mit seinem obersten Dienstherrn. Die „Gezuvor" verpflichtete die Automobilwirtschaft zur weiteren Unterstützung des Projekts und zur Übernahme bislang angefallener Kosten in Höhe von 1,7 Millionen Mark.

Links: Adolf Hitler persönlich untersagte Ford den Begriff „Volkswagen" für das Modell „Eifel" zu verwenden. Er wusste auch warum: Die für ihre hohe Zuverlässigkeit bekannte 34-PS-Limousine, die Ford zwischen 1935 und 1940 für einen Preis von unter 4000 Reichsmark anbot, war nämlich durchaus Volkswagen-tauglich.

Rechts: Aufwändige und strapaziöse Testfahrten mussten die Typ 30 Prototypen von April bis August 1937 quer durch Deutschland absolvieren. Als Testfahrer fungierten ausgesuchte Mitglieder der SS.

Der Begriff „Volkswagen" genoss schon lange Schutz von oberster Stelle. Adolf Hitler machte bei verschiedenen Gelegenheiten deutlich, dass es nur einen Volkswagen als eigenständige Marke in Deutschland geben konnte. Versuche von etablierten Herstellern, den Begriff „Volkswagen" als werbeträchtige Bezeichnung einer neuen Fahrzeuggattung umzudeuten, um darunter eigene Modelle anzubieten, erstickte die Politik im Keim. So verbot im Juni 1935 die „Fachgruppe Fahrzeugindustrie im Reichsstand der deutschen Industrie" dem deutschen Ableger von Ford, sein neuestes Produkt mit der Bezeichnung „Ford-Volkswagen" auf den Markt zu bringen. Weil der Begriff Volkswagen angesichts eines Basispreises von 2350 Reichsmark für den Ford bereits ab absurdum geführt würde, wie der Bescheid der Ford-Zentrale in Köln eröffnete. Dieses Diktat verhinderte jedoch nicht den Erfolg des neuen Modells, das mit 34 PS unter der Modellbezeichnung „Eifel" reüssieren durfte und das schaffte, was dem Volkswagen nicht vergönnt war: bis Kriegsbeginn mehr als 61.000 Kunden zu finden.

Nicht zuletzt weil Daimler-Benz in seinem Werk Sindelfingen, rund 20 Kilometer südlich von Stuttgart, bereits über gründliche Erfahrungen in der Herstellung von Autokarosserien komplett aus Stahlblech verfügte, hatte das Unternehmen den Auftrag für die Produktion der ersten 30 Vorserienfahrzeuge im Sommer 1936 erhalten. Für 114.000 Reichsmark entstanden ab dem 9. September die Karosserien. In die Form der Vorserienfahrzeuge waren bereits zahlreiche Änderungen eingeflossen, wie der flachere Vorderwagen sowie größere Türen für einen bequemeren Einstieg. Auch die Außenmaße der Karosserie näherten sich den endgültigen Dimensionen an. Der „VW 30", wie die Vertreter der ersten Serie offiziell bezeichnet wurden, maß in der Länge 3,85 in der Breite 1,5 und in der Höhe 1,49 Meter.

Die Herstellung der 30 Karosserien erbrachte auch weiterführende Erkenntnisse für eine spätere Serienfertigung. Mit einer Blechstärke von 0,7 Millimetern für die Außenhaut konnte das Karosseriegewicht auf 108 Kilo gesenkt werden. Dazu addierten sich 24,5 Kilo für die Türen und weitere 22 Kilo für die vier Kotflügel. Die Kalkulation künftiger Herstellungskosten in Serie erbrachte 325 Reichsmark.

Als zweiter großer Kostenfaktor schlug der Motor zu Buche. Die Kalkulation seiner Produktionskosten belief sich auf 225 Reichsmark, obwohl zur Senkung des Gewichts das Leichtmetall Magnesium für den Motorblock zum Einsatz kommen sollte. Nachdem gleich nach Kriegsbeginn Magnesium ausschließlich für die Produktion von Kampfflugzeugen zur Verfügung stand, verwendete das Werk ersatzweise Gussaluminium für den Motorblock.

Der erste VW 30 kam im Dezember 1936 in der Porsche-Villa an, als die Dauerprobung der ersten drei Versuchsträger noch nicht ganz abgeschlossen war. Der VW 30 hatte wie sein Vorgänger an der B-Säule angeschlagene Türen, und verfügte weder über Trittbretter noch über eine Stoßstange. Die Präsentation vor Adolf Hitler erfolgte am 17. Februar 1937. Seine Reaktion fiel positiv aus. Nicht zuletzt weil das Projekt derart konkrete Formen angenommen hatte, dass es die Propaganda endlich werbewirksam in das Licht der Öffentlichkeit rücken konnte.

Für die Erprobung der 30 Versuchsträger stand ein Testprogramm an, dessen Umfang dem des Dauerlaufs für die drei ersten Prototypen in nichts nachstand. Da die Garagen von Ferdinand Porsches Villa als Basis für die Testwagenflotte nicht ausreichten, wurde der Umzug in eine Panzerkaserne nach Kornwestheim, einer Gemeinde an der

Anlässlich der offiziellen Präsentation 1938 durften ausländische Journalisten den neuen Volkswagen Probe fahren.

Von Anfang an sah das Konzept des Volkswagens eine offene Variante vor, die parallel entwickelt und vorgestellt wurde.

nördlichen Grenze zu Stuttgart erforderlich. Dank der guten Kontakte zu den verschiedenen Organisationen der Regierung und der Partei, war es kein Problem, in kurzer Zeit 60 erforderliche Fachkräfte wie Ingenieure und Mechaniker, auch aus den Reihen der SS, zu rekrutieren, sodass Anfang April 1937 die Testarbeiten beginnen konnten.

Die Spezialisten unterzogen die Prototypen keinem standardisierten Testprogramm, Die Fahrzeuge legten individuelle Strecken von unterschiedlicher Länge zurück. Gemeinsame Fahrten wie bei den drei ersten Versuchsträgern gab es so gut wie nicht. Den Rekord hielt am Ende Fahrzeug 17 mit 120.478 Kilometern. Der VW30 mit der Nummer 28 brachte es dagegen nur auf 8187 Kilometer. Insgesamt legte die Flotte rund 2,5 Millionen Kilometer zurück. Die Protokolle nahmen an Umfang zu. Allein für den Motor galt es 45 Parameter zu bewerten. Die 30 Prototypen des VW30 fanden schließlich kein rühmliches Ende. 27 von ihnen fielen 1942 Schneidbrennern und Vorschlaghämmern zum Opfer, ein Wagen durfte als Schnittmodell weiterleben.

Nach Beendigung des Testprogramms im September 1938 begann die Zeit zu drängen. Bis zum Ende des Jahres folgten zahlreiche Präsentationen vor hohen Vertretern der Regierung, der Partei und des Militärs. Eine zweite Serie von 30 Prototypen, die für 1938 geplant waren, wurde auf drei Exemplare gekürzt. Das seriennahe Auto sollte für die offizielle Präsentation zur Verfügung stehen.

Dieser Termin stand lange fest. Für den 26. Mai 1938 war eine große Zeremonie bei Fallersleben vor 70.000 Menschen geplant, in deren Rahmen einerseits der Grundstein für das neue Werk gelegt werden sollte, das den Volkswagen in der angestrebten großen Zahl bauen sollte, andererseits stellte Hitler das Auto dabei erstmals der Öffentlichkeit vor und überraschte vor allem die Beteiligten mit der Mitteilung, dass der Volkswagen offiziell die Bezeichnung „KdF-Wagen“ tragen sollte.

Zur Zeit der offiziellen Vorstellung hatte Porsche, der inzwischen eine kleine Fabrik im Stuttgarter In-

Das Holzmodell des „KdF-Wagens" mit der nahezu endgültigen Form entstand 1937/38 bei der Firma Reutter. Markantester Unterschied zu den Prototypen war das komplett neu gestaltetet Heck mit Brezelfenster, aber auch auffällige Details wie die schmalen Trittbretter, die Verschmutzung vermindern sollten, und die jetzt angebrachten Radkappen flossen in den Entwurf ein.

Bei Fallersleben, zwischen Hannover und Berlin, entstand bis 1939 quasi auf der grünen Wiese die größte Fabrikanlage Europas für die Fertigung des KdF-Wagens.

dustrievorort Zuffenhausen errichtet hatte, die ersten Autos der Nullserie bauen lassen. Neben weiteren Tests, in denen unter anderem die Produktionsfähigkeit in der Großserie einen Schwerpunkt bildete, stand die Kalkulation im Mittelpunkt. Am Ende der komplizierten Rechen- und Rationalisierungsprozesse stand ein Betrag von 651,63 Reichsmark für die Produktionskosten eines betriebsbereiten, motorisierten Chassis und 928,83 Reichsmark für das gesamte Fahrzeug. Damit hatte Ferdinand Porsche bewiesen, dass für den „befohlenen" Verkaufspreis von 990 Reichsmark ein vollwertiges Auto mit einer bis dahin unbekannten Vollgasfestigkeit und Langlaufqualität zu produzieren war. Das Konzept des Volkswagens war zu einem Abschluss gekommen. Schließlich hatte die Karosserie auch die Trittbretter und das geteilte Rückfenster erhalten. Die Teilung war erforderlich, weil die Technik noch nicht in der Lage gewesen war, eine gekrümmte Scheibe zu produzieren, die sich der gewölbten Oberfläche der Karosserie anpassen konnte.

Das Konzept des Volkswagens umfasste jedoch nicht nur Entwicklung, Kalkulation und Produktion. Für die Werbung lief eine Vermarktungsmaschinerie an, die die Welt bei einem Automobil noch nicht gesehen hatte. Für die Massen der geplanten Autos mussten entsprechende Mengen von Käufern gefunden werden, die sich zum überwiegenden Teil aus der Arbeiterschaft rekrutieren sollten. Wie sollte ein durchschnittlicher Arbeiter, der in der zweiten Hälfte der dreißiger Jahre des letzten Jahrhunderts eine Reichsmark pro Stunde verdiente, jemals 990 Reichsmark aufbringen? Als Antwort entwickelte die KdF-Organisation für die motorisierungsfreudigen Mitglieder ein besonderes Sparsystem, durch das sich interessierte Kunden den Kaufpreis in moderaten Schritten ansparen konnten. Dafür gab es besondere Karten, in die jede Woche eine Sparmarke im Wert von fünf Mark eingeklebt werden konnte, die der Sparer bei der Organisation erwerben durfte. Somit ließ sich der Kaufpreis auch mit einem Arbeitergehalt in weniger als vier Jahren komplett ansparen.

Die künftigen Kunden konnten sich mit aufwändigen und in Farbe produzierten Prospekten über ihr künftiges Auto informieren. Darin waren beispielsweise die einzelnen Komponenten wie Karosserie, Fahrwerk, Motor und Innenraum in Farbe auf Folien gedruckt, sodass sich beim Auf- und wieder Zublättern der Volkswagen optisch quasi demontieren und wieder zusammenfügen ließ.

Für Kinowerbung kreierten die Verantwortlichen spezielle Dias, die für den Kauf eines Volkswagens warben. Auch die Jüngsten hatten schnell die Aufmerksamkeit der Werber auf sich gezogen. Es entstanden Brettspiele für die ganze Familie, die als eine Mischung aus Mensch-ärgere-dich-nicht und Monopoly Reisen auf dem Küchentisch ermöglichten. Natürlich mit käferförmigen Spielsteinen aus Holz und Keramik in der Edelausführung. Für Kinder erschienen zudem bunte Bilderbücher mit Titeln wie „Über Berg und Tal – Eine Autofahrt von früh bis

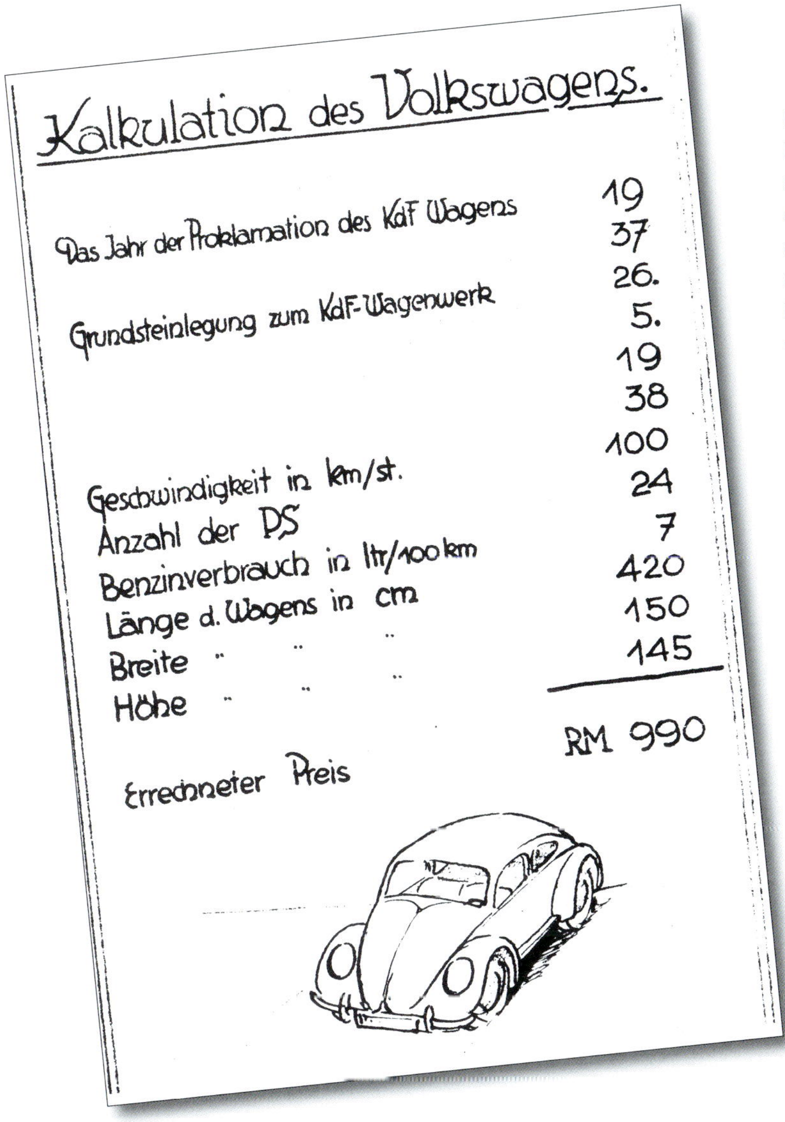
Kalkulation des Volkswagens.

Das Jahr der Proklamation des KdF Wagens
Grundsteinlegung zum KdF-Wagenwerk
Geschwindigkeit in km/st.
Anzahl der PS
Benzinverbrauch in ltr/100 km
Länge d. Wagens in cm
Breite " "
Höhe " "
Errechneter Preis

19
37
26.
5.
19
38
100
24
7
420
150
145

RM 990

Ein günstiger Preis sollte die Massen mobilisieren: Die Preisvorgabe für den KdF-Wagen lautete 990 Reichsmark. Nicht nur die Materialbeschaffung sollte unter dieser Vorgabe schon schwierig genug werden, auch für die eigentliche Zielgruppe war der Preis sehr ambitioniert. Schließlich verdienten von den 32,1 Millionen Einkommensbeziehern in Deutschland mehr als 22 Millionen monatlich weniger als 125 Mark.

Im Frühjahr 1939 kamen zur Vorstellung des KdF-Wagens rund 825.000 Besucher nach Berlin zur Internationalen Automobil- und Motorradausstellung. Die Marketing-Maschinerie lief auf vollen Touren, dazu gehörten neben ausführlichen Informationsschriften, KdF-Spardosen, Kinderbüchern und -spielen auch Sonderbriefmarken der Reichspost.

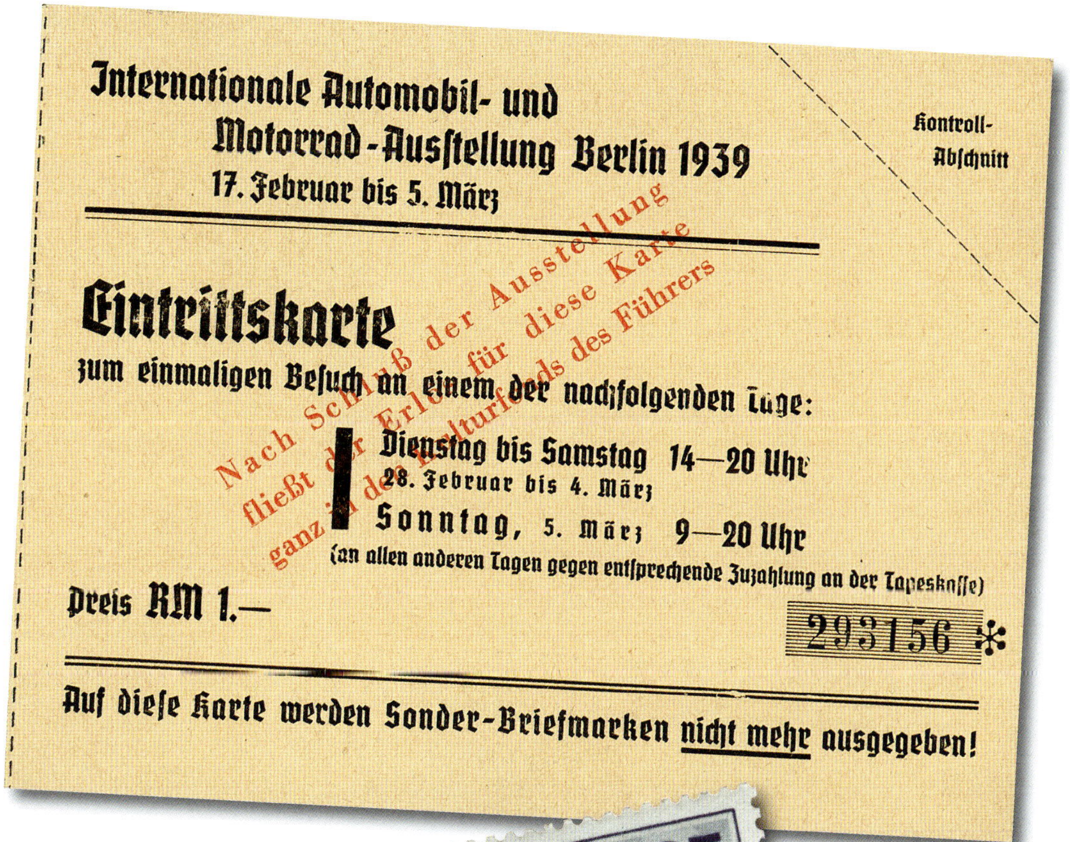
Internationale Automobil- und Motorrad-Ausstellung Berlin 1939
17. Februar bis 5. März

Kontroll-Abschnitt

Eintrittskarte
zum einmaligen Besuch an einem der nachfolgenden Tage:
Dienstag bis Samstag 14—20 Uhr
28. Februar bis 4. März
Sonntag, 5. März 9—20 Uhr
(an allen anderen Tagen gegen entsprechende Zuzahlung an der Tageskasse)

Nach Schluß der Ausstellung fließt der Erlös für diese Karte ganz in den Kulturfonds des Führers

Preis RM 1.—

293156

Auf diese Karte werden Sonder-Briefmarken nicht mehr ausgegeben!

Ende 1938 war der Käfer bis zur Serienreife entwickelt. Das hier gezeigte restaurierte Exemplar steht im Volkswagen-Museum.

Das Armaturenbrett des KdF-Wagens: Nach dem Öffnen der damals schlosslosen Türen, erweckte der geradezu winzige Zündschlüssel den Motor zum Leben. In den militärischen Varianten kam ein ebenfalls sehr kleiner, bartloser Universalschlüssel zum Einsatz, der auf alle Fahrzeuge passte. Der Tacho sitzt erst ab 1953 direkt vor dem Fahrer. Mit den zwei großen Drehschaltern bediente der Fahrer die „Lichtschaltung" (rechts) und die Scheibenwischer (links).

Herrn/Frau/Firma

Karl Müller

Tierarzt

Schnaittach

Grabenstr. 223

Ihr KdF.-Wagen

ist Ihnen mit den bereits vollen

3 Sparkarten gesichert.

Sie wurden zur Lieferung unter der

Bestell-Nr. 2311

vorgemerkt. Zur gegebenen Zeit

werden Sie wieder von uns hören

Heil Hitler!

Gau-Wagenwart

Eine aufwändig gestaltete Informationsschrift erklärte, welche technischen Errungenschaften der Wagen bot und wie das Prinzip „KdF-Wagen" funktionierte: Die Sparmarken wurden in ein eigens dafür verkauftes Sparbuch eingeklebt. Wenn die vier Bücher voll waren, wurden diese mit einem entsprechenden Antrag bei den zuständigen Dienststellen NS-Gemeinschaft „Kraft durch Freude" eingereicht. Nach Bewilligung bekam der Antragsteller eine Zuteilungsbenachrichtigung. Eine sofortige Lieferung eines KdF-Wagens gegen Barzahlung der gesamten Summe schloss die Broschüre übrigens ausdrücklich aus.

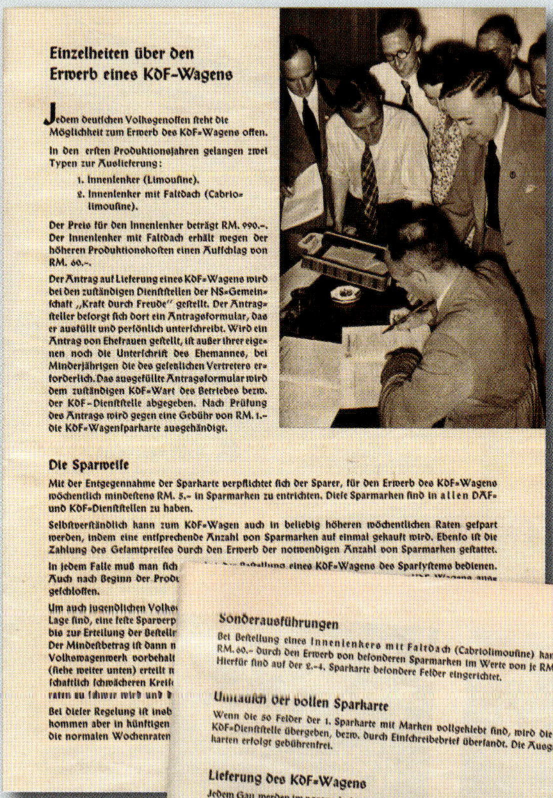
Einzelheiten über den Erwerb eines KdF-Wagens

Jedem deutschen Volksgenossen steht die Möglichkeit zum Erwerb des KdF-Wagens offen.

In den ersten Produktionsjahren gelangen zwei Typen zur Auslieferung:

1. Innenlenker (Limousine).
2. Innenlenker mit Faltdach (Cabriolimousine).

Der Preis für den Innenlenker beträgt RM. 990.–. Der Innenlenker mit Faltdach erhält wegen der höheren Produktionskosten einen Aufschlag von RM. 60.–.

Der Antrag auf Lieferung eines KdF-Wagens wird bei den zuständigen Dienststellen der NS-Gemeinschaft „Kraft durch Freude" gestellt. Der Antragsteller besorgt sich dort ein Antragsformular, das er ausfüllt und persönlich unterschreibt. Wird ein Antrag von Ehefrauen gestellt, ist außer ihrer eigenen noch die Unterschrift des Ehemannes, bei Minderjährigen die des gesetzlichen Vertreters erforderlich. Das ausgefüllte Antragsformular wird dem zuständigen KdF-Wart des Betriebes bezw. der KdF-Dienststelle abgegeben. Nach Prüfung des Antrags wird gegen eine Gebühr von RM. 1.– die KdF-Wagensparkarte ausgehändigt.

Die Sparweise

Mit der Entgegennahme der Sparkarte verpflichtet sich der Sparer, für den Erwerb des KdF-Wagens wöchentlich mindestens RM. 5.– in Sparmarken zu entrichten. Diese Sparmarken sind in allen DAF- und KdF-Dienststellen zu haben.

Selbstverständlich kann zum KdF-Wagen auch in beliebig höheren wöchentlichen Raten gespart werden, indem eine entsprechende Anzahl von Sparmarken auf einmal gekauft wird. Ebenso ist die Zahlung des Gesamtpreises durch den Erwerb der notwendigen Anzahl von Sparmarken gestattet.

In jedem Falle muß man sich ... Bestellung eines KdF-Wagens des Sparsystems bedienen. Auch nach Beginn der Produ... geschlossen.

Um auch jugendlichen Volksg... Lage sind, eine feste Sparverp... bis zur Erteilung der Bestelln... Der Mindestbetrag ist dann n... Volkswagenwerk vorbehalt... (siehe weiter unten) erteilt n... schaftlich schwächeren Kreis... raten zu schwer wird und d...

Bei dieser Regelung ist insb... kommen aber in künftigen ... die normalen Wochenraten ...

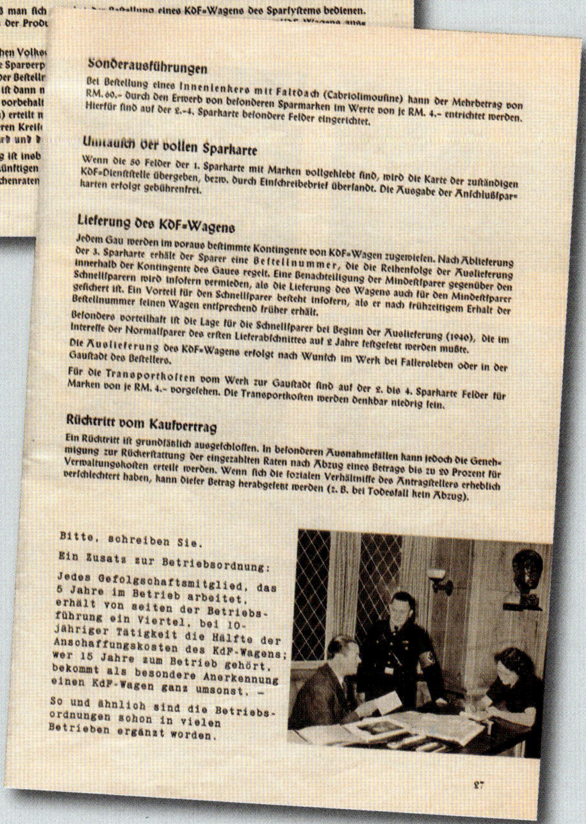
Sonderausführungen

Bei Bestellung eines Innenlenkers mit Faltdach (Cabriolimousine) kann der Mehrbetrag von RM. 60.– durch den Erwerb von besonderen Sparmarken im Werte von je RM. 4.– entrichtet werden. Hierfür sind auf der 2.–4. Sparkarte besondere Felder eingerichtet.

Umtausch der vollen Sparkarte

Wenn die 50 Felder der 1. Sparkarte mit Marken vollgeklebt sind, wird die Karte der zuständigen KdF-Dienststelle übergeben, bezw. durch Einschreibebrief übersandt. Die Ausgabe der Anschlußsparkarten erfolgt gebührenfrei.

Lieferung des KdF-Wagens

Jedem Gau werden im voraus bestimmte Kontingente von KdF-Wagen zugewiesen. Nach Ablieferung der 3. Sparkarte erhält der Sparer eine Bestellnummer, die die Reihenfolge der Auslieferung innerhalb der Kontingente des Gaues regelt. Eine Benachteiligung der Mindestsparer gegenüber den Schnellsparern wird insofern vermieden, als die Lieferung des Wagens auch für den Mindestsparer gesichert ist. Ein Vorteil für den Schnellsparer besteht insofern, als er nach frühzeitigem Erhalt der Bestellnummer seinen Wagen entsprechend früher erhält.

Besonders vorteilhaft ist die Lage für die Schnellsparer bei Beginn der Auslieferung (1940), die im Interesse der Normalsparer des ersten Lieferabschnittes auf 2 Jahre festgesetzt werden mußte.

Die Auslieferung des KdF-Wagens erfolgt nach Wunsch im Werk bei Fallersleben oder in der Gaustadt des Bestellers.

Für die Transportkosten vom Werk zur Gaustadt sind auf der 2. bis 4. Sparkarte Felder für Marken von je RM. 4.– vorgesehen. Die Transportkosten werden denkbar niedrig sein.

Rücktritt vom Kaufvertrag

Ein Rücktritt ist grundsätzlich ausgeschlossen. In besonderen Ausnahmefällen kann jedoch die Genehmigung zur Rückerstattung der eingezahlten Raten nach Abzug eines Betrags bis zu 20 Prozent für Verwaltungskosten erteilt werden. Wenn sich die sozialen Verhältnisse des Antragstellers erheblich verschlechtert haben, kann dieser Betrag herabgesetzt werden (z. B. bei Todesfall kein Abzug).

Bitte, schreiben Sie.

Ein Zusatz zur Betriebsordnung:

Jedes Gefolgschaftsmitglied, das 5 Jahre im Betrieb arbeitet, erhält von seiten der Betriebsführung ein Viertel, bei 10-jähriger Tätigkeit die Hälfte der Anschaffungskosten des KdF-Wagens; wer 15 Jahre zum Betrieb gehört, bekommt als besondere Anerkennung einen KdF-Wagen ganz umsonst. –

So und ähnlich sind die Betriebsordnungen schon in vielen Betrieben ergänzt worden.

27

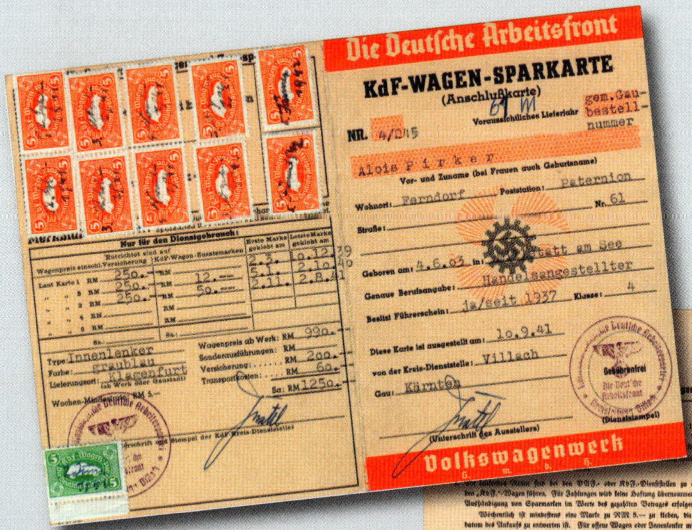
Die Deutsche Arbeitsfront

KdF-WAGEN-SPARKARTE

(Anschlußkarte)

Nr. 4/245

Alois Pirker

Paterion

Ferndorf

Handelsangestellter

Villach

Kärnten

Volkswagenwerk

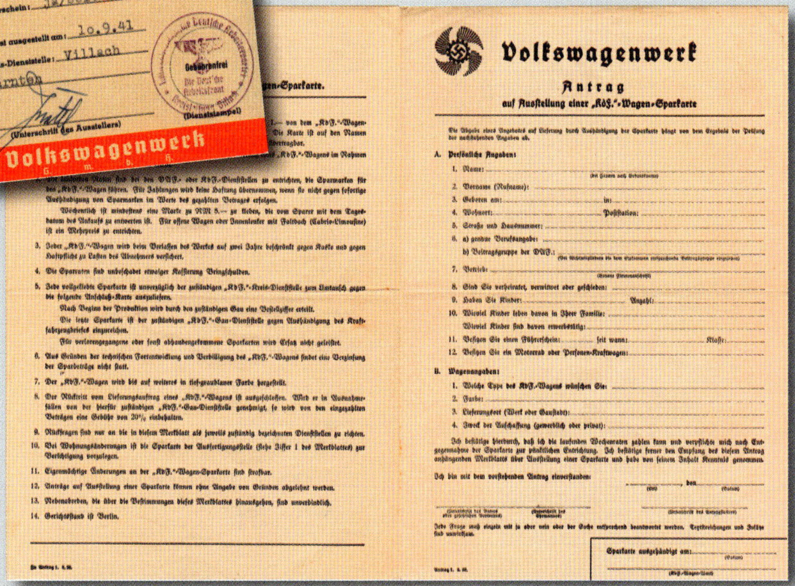
Volkswagenwerk

Antrag

auf Ausstellung einer „KdF."-Wagen-Sparkarte

Porsche – wie meist gekleidet mit Hut und Burberry-Mantel – begleitet sehr intensiv die gesamte Entwicklung, auch während des Krieges, wie hier auf einer Testfahrt mit einem Versuchswagen nach Prag im Jahr 1940.

spät" oder „Teddys erste Ausfahrt", und es dürfte kein Zweifel darüber bestehen, in welchem Auto Teddy seine aufregende erste Ausfahrt erlebte. Auch bei der Pressearbeit beschritt die KdF-Organisation völlig neue Wege. Sie machte den neuen Volkswagen einer breiten internationalen Öffentlichkeit zugänglich, indem sie beispielsweise im Rahmen der Internationalen Automobilausstellung in Berlin 1939 Vertreter der ausländischen Presse zu ausgiebigen Probefahrten einlud. Die konnten sich auf einer Fahrt nach Westen auf der Autobahn zwischen Berlin und Hannover von der Vollgasfestigkeit des Autos überzeugen und während der Mittagspause den Fortgang der Bauarbeiten der künftigen Produktionsstätte bewundern. Die Strategie ging auf. Zahlreiche ausländische Journalisten beurteilten die Qualität des Volkswagens positiv, was sie beispielsweise auch in den aktuellen Wochenschauen vor Publikum freudig erklärten.

Bereits in den Jahren zuvor waren Journalisten aus dem Ausland zur Internationalen Automobilausstellung gereist und hatten über das Projekt berichtet. So beschrieb die „New York Times" in ihrer Ausgabe vom 3. Juli 1938 ihren Lesern in einem Beitrag ausführlich das deutsche Autoprojekt. In dem Artikel war von einer Vision „von Tausenden

Zwischen 1939 und 1945 liefen in Wolfsburg praktisch keine KdF-Wagen, sondern fast ausschließlich „Kübelwagen" für die Wehrmacht vom Band.

Der Kübelwagen als militärische Variante des KdF-Wagens diente im Zweiten Weltkrieg an allen Fronten. Insgesamt belief sich die Kriegsproduktion des Typ 82 auf 50.788 Exemplare.

und Abertausenden von glänzenden kleinen Käfern, die bald die deutschen Autobahnen bevölkern werden" die Rede. Damit war der populäre Nachkriegsname des Volkswagens geboren.
Der Produktionsstart für den Volkswagen wurde auf den Herbst 1939 festgelegt. Die Werbeaktionen für die Sparkarten hatten sich als großer Erfolg erwiesen. Bis 1941 sparten mehr als 320.000 Käferkunden Geld für ihr neues Auto an, das sie freilich so nie erhalten sollten.

Am 1. September 1939 überholte die Politik den KdF-Wagen. Mit dem Einmarsch der deutschen Wehrmacht in Polen begann der Zweite Weltkrieg. Wenn von da an im Deutschen Reich Räder an ein Auto geschraubt wurden, dann mussten die für den Sieg rollen. Auch im KdF-Werk wurden die Weichen in Richtung Kriegsproduktion gestellt. Da die Wehrtauglichkeit des Volkswagens nur in begrenztem Umfang in seiner Konstruktion angelegt war, entstanden bis zum Ende des Kriegs nur 630 Volkswagen vom Typ 60, wie das Produktionsauto genannt wurde. Ein Teil dieser Fahrzeuge diente als Dienstwagen im Volkswagenwerk, der Rest ging in die Hände von hochrangigen Politikern, Parteifunktionären und Prominenten, deren Engagement für den Endsieg eine solche Zuwendung rechtfertigte.

Der so genannte „Schwimmwagen", von dem Volkswagen im Zeitraum von Herbst 1942 bis Sommer 1944 14.276 Einheiten fertigte, war das zweite Fahrzeug für die deutsche Kriegsmaschinerie. Das geländegängige Amphibienfahrzeug mit der Bezeichnung Typ 166 besaß bereits Allradantrieb.

Das Herablassen der Schiffsschraube geschah per Handbetrieb mit Hilfe eines auf dem Auspuff befestigten Hakens. Im Wasser erreichte der Schwimmwagen eine Geschwindigkeit von bis zu 10 km/h, die Höchstgeschwindigkeit an Land war mit 80 km/h angegeben.

Das Volkswagenwerk stellte unmittelbar nach Kriegsbeginn auf die Produktion kriegswichtiger Fahrzeuge um. Am 26. Januar 1938 hatte Ferdinand Porsches Konstruktionsbüro den Auftrag erhalten, ein leichtes Fahrzeug für die Wehrmacht mit guten Fahreigenschaften im Gelände zu entwickeln. Das Auto sollte maximal 560 Kilo wiegen und 400 Kilo transportieren können, mithin drei Mann mit Waffen, Ausrüstung und Munition. Die Entwicklung verlief parallel zum Volkswagen und war nicht weniger anspruchsvoll, da auch das Lastenheft für dieses „leichte Universalfahrzeug" extreme Anforderungen stellte: Geringe Karosseriehöhe, niedriges Gewicht, hohe Stückzahlen in der Produktion bei gleichzeitig niedrigen Gesamtkosten für Anschaffung, Betrieb und Wartung.

Wiesen die ersten Prototypen mit runden Kotflügeln noch deutliche Ähnlichkeiten mit dem Volkswagen auf, so hatte das Fahrzeug wegen der flachen Karosserie und den niedrigen Sitzen, die den Vergleich mit Kübeln erlaubten, schnell seine Bezeichnung als „Kübelwagen" weg. Im November 1939 startete die Produktion für den Kübelwagen mit einer kantigen Karosserie aus flachen Blechen. 1941 lief bereits der 5000ste Wagen vom Band.

Der Forderung der Obersten Heeresleitung nach einem geländegängigen und schwimmfähigen Fahrzeug widmete sich Porsche ab dem 1. Juli 1940. Für ein Honorar von 200.000 Reichsmark sollten drei Prototypen entwickelt werden. Bereits am 21. September konnte das erste Fahrzeug zu ersten Tests in den Max-Eyth-See bei Stuttgart rollen. Ab Juni 1942 ging der Schwimmwagen in Produktion.

Obwohl die drei Modellreihen der Kriegsproduktion gänzlich unterschiedliche Eigenschaften aufwiesen, basierten sie auf einer gemeinsamen technischen Basis. Eine Entwicklungstaktik, die rund 40 Jahre später die Autoindustrie als sogenannte „Plattformstrategie" revolutionierte. Volks-, Kübel- und Schwimmwagen bauten auf dem gleichen Chassis auf und verfügten über einen gemeinsamen Antrieb. Der luftgekühlte Vierzylinder-Boxer mit 1131 cm^3 Hubraum leistete 25 PS bei 3000/min. Je nach Einsatz lag der Verbrauch zwischen acht und 9,5 Liter auf 100 Kilometer.

Bis zum Ende des Krieges produzierte das Werk neben anderen Rüstungsgütern wie der „Vergeltungswaffe" V1 insgesamt 50.788 Kübel- und 14.276 Schwimmwagen. Für die Kriegsproduktion mussten mehr als 20.000 Zwangsarbeiter und Insassen von Konzentrationslagern im Volkswagenwerk die erforderliche Arbeit leisten.

„Auf dem Gelände herrschte ein schrecklicher Gestank. Alle Abflussrohre waren bei den Luftangriffen beschädigt und nicht repariert worden. Die Toiletten waren kaputt und völlig unhygienisch. Es war fürchterlich!" So beschrieb Major Ivan Hirst sei-

Der am 1. März 1916 geborene, englische Major Ivan Hirst übernahm 1945 als 29-Jähriger die Leitung der „großen Nazi-Fabrik“ für die Alliierten. Sein ursprünglicher Auftrag lautete: Abwickeln!

nen ersten Eindruck von Wolfsburg. Die Militärregierung der britischen Besatzungszone hatte den 29-jährigen Offizier des „Royal Electrical and Mechanical Engineers Corps“ (REME) an die Produktionsstätte des „KdF-Wagens“ kommandiert, damit er die neue REME-Zentrale für die Besatzungszone und die Produktion von Fahrzeugen organisieren sollte, die die Engländer dringend für die Verwaltung und den Aufbau der Wirtschaft in ihrer Besatzungszone benötigten.

Ivan Hirst war in der Geschichte des Volkswagens ein einmaliger Glücksfall. Der richtige Mann in der Stunde Null am richtigen Ort. Der Mann, der das Unmögliche schaffte, innerhalb von vier Jahren aus einem ziemlich zerstörten Autowerk ohne Stammbelegschaft, ohne Nahrung und Wohnraum für Mitarbeiter, ohne Materialien, im zivilisatorischen Vakuum einer real existierenden Anarchie des puren Überlebenskampfes von Millionen, endlich das zu machen, wofür es eigentlich geplant und geschaffen worden war: Als funktionsfähige Produktionsstätte eines Volkswagens zu dienen, von dem Hunderttausende Exemplare pro Jahr gefertigt werden sollten.

Die Ankunft des ausgebildeten Ingenieurs in Wolfsburg, der am „Manchester Institute of Technology“ optische Ingenieurswissenschaften studiert hatte, begleitete das politische Weltgeschehen mit einem Fanal modernster technischer Errungenschaft, das einerseits das Kriegsgeschehen auf den pazifischen Schauplätzen beendete, andererseits der anbrechenden Menschheitsepoche den Namen „Atomzeitalter“ bescherte. Den Einsatz der beiden ersten amerikanischen Atombomben „Little Boy“ am 6. August über Hiroshima und „Fat Man“ am 9. August in Nagasaki verband Ivan Hirst nach eigener Aussage lebenslang mit seinem Eintreffen in Wolfsburg.

Die Bilanz Deutschlands und Europas in dieser Stunde Null, unmittelbar nach dem offiziellen Ende des Krieges am 9. Mai 1945, offenbarte eine menschliche und wirtschaftliche Katastrophe von unvorstellbarem Ausmaß. Eine Handvoll statistische Angaben kann nicht einmal im Ansatz den Umfang dieses Dramas beschreiben: Mehr als 25 Millionen Menschen hatten ihr Leben gewaltsam verloren, davon in Deutschland drei Millionen Soldaten und 3,6 Millionen Zivilisten. Die Kriegskosten und zerstörten Sach- und Vermögenswerte summierten sich weltweit auf zwei Billionen Dollar, in Deutschland auf 700 Milliarden Reichsmark. Eine Summe, die gereicht hätte, jeden Bewohner des Deutschen Reichs, vom Säugling bis zum Greis, mit zehn KdF-Wagen zu versorgen. 1945 irrten mindestens 21 Millionen Menschen über den europäischen Kontinent, aus ihrer angestammten Heimat vertrieben oder auf dem Rückweg aus Verschleppung und Gefangenschaft. In den drei westlichen Besatzungszonen Deutschlands waren 2,25 Millionen Wohnungen, 4752 Brücken, ungezählte Kilometer Eisenbahnstrecken, 2356 Stellwerke und 95 Prozent der Tonnage für die Handelsschifffahrt zerstört. In der britischen Besatzungszone waren im Sommer 1945 gerade 1000 der rund 13.000 Kilometer Schienen noch befahrbar.

Während des Kriegs waren im Volkswagenwerk Kriegsgefangene und Zwangsarbeiter beschäftigt (links). Insgesamt war das Werk durch Bombardierungen zwar schwer beschädigt, einige Bereiche auf dem weitläufigen Werksgelände wurden allerdings wie durch ein Wunder nur leicht in Mitleidenschaft gezogen.

Ivan Hirst, im Juli 1945 noch auf Heimaturlaub, erlebte in diesen Tagen einen dramatischen Wechsel in der Innenpolitik seiner Heimat. Winston Churchill (1874-1965), der England mit eisernem Willen und genialem Organisationstalent durch den Krieg und zum Sieg geführt hatte, verlor am 26. Juli die Wahlen zum Unterhaus. „Blut, Mühsal, Tränen und Schweiß", die Churchill seinen Landsleuten am 13. Mai 1940 als politisches Programm für unbestimmte Zeit bis zu einem Sieg über Nazideutschland versprochen hatte, hatten die Briten als Perspektive für den Krieg akzeptiert, für die Nachkriegsordnung sehnten sie sich jedoch nach freudvolleren Aussichten, wie sie die Labour-Partei versprach. In diesen politisch dramatischen Tagen für seine Heimat erhielt Major Hirst das Angebot, eine Aufgabe in Deutschland zu übernehmen. Er akzeptierte und erhielt in Hannover im Hauptquartier der Militärregierung den simplen Befehl: „Übernehmen sie die große Nazifabrik!"

Hirst hatte schon Einiges über das Volkswagenprojekt der Nationalsozialisten gehört und in seiner REME-Werkstatt in der Normandie bereits einen erbeuteten Kübelwagen demontiert und gründlich untersucht. Wolfsburg war bei seiner Fahrt zu seinem neuen Einsatzort als eigenständiger Ortsname auf der Landkarte noch nicht zu finden. Erst am 25. Mai 1945 hatten die britischen Besatzer die ehemalige „Stadt des KdF-Wagens" in Wolfsburg umbenannt. Der Ort selbst und die Fabrik waren am 11. April 1945 von der 9. US Armee unter Generalleutnant William H. Simpson eingenommen worden. Die Amerikaner hätten Werk und Kraftwerk am liebsten sofort gesprengt, was eine Protestaktion der verbliebenen Werksangehörigen und der befreiten Zwangsarbeiter verhinderte, denn gerade das Kraftwerk versorgte auch den vorhandenen Wohnraum mit Energie und Wärme.

Der englische Neuankömmling war bis zu seinem Tode im Jahr 2000 ein unpolitischer Mensch, der sich durch zwei Eigenschaften auszeichnete. Einmal durch eine ebenso enorme wie unaufgeregte Tatkraft, die eine steile militärische Karriere im Krieg belohnt hätte, hätte nicht 1941 eine Operation seine Tauglichkeit für Einsätze an der Front eingeschränkt. Und zweitens seine Unvoreingenommenheit gegenüber den Deutschen, die er als Gegner in einem unheilvollen Krieg gesehen hatte, aber niemals als persönliche Feinde. Der erste Eindruck von seiner Wirkungsstätte dürfte diese Einstellung noch weiter gestärkt haben, denn der Major fand in Wolfsburg nur das nackte Elend vor.

Den größten Teil der Stadt bildete ein Barackenlager, das sich entlang der autogerecht breiten, zerstörten Straßen verteilte, die mittlerweile vom Gras überwuchert war. Die für 100.000 Einwohner geplante Anlage beherbergte im September 1945 rund 25.000 Menschen, überwiegend Flüchtlinge aus den deutschen Ostgebieten und etwa 9000 befreite Zwangsarbeiter. Diese verlorene und herunter gekommene Karikatur einer städtischen Ansiedlung stand in brutalem Kontrast zu den monumentalen Bauten des Volkswagenwerks.

Bei der Konzeption der Produktionsstätte für den KdF-Wagen hatten die Verantwortlichen nicht gekleckert, sondern richtig geklotzt. Das Werk sollte in der ersten Ausbaustufe 400.000 bis 500.000 Autos pro Jahr ausstoßen, die 17.500 Arbeiter in Doppelschichten montieren sollten. Zum Vergleich: 1938 hatten 19 Hersteller in Deutschland zusammen 216.000 neue Pkw produziert.

Der Auswahl des Standorts waren umfangreiche Untersuchungen vorausgegangen. Ausschlaggebend waren schließlich die zentrale Lage des ins Auge gefassten Areals innerhalb Deutschlands und die verkehrsgünstige Anbindung für die Anlieferung der gewaltigen Mengen an Material und Komponenten für die Produktion und den Abtransport der

In den nur teilweise zerstörten Hallen fanden die Siegermächte vereinzelte bereits montierte Fahrzeuge vor. Insgesamt war die vorhandene Substanz an unbeschädigten Gebäuden, funktionstüchtigen Maschinen und Material ein solider Grundstein für den Neuaufbau.

Bombenschäden an den Fertigungshallen: Schnelle Aufräum- und Instandsetzungsarbeiten sorgten für eine baldige Produktionsaufnahme.

Die ersten Autos aus der Nachkriegsproduktion setzten die Besatzungsmächte ein.

fertigen Autos. Das Werk und die „Stadt des KdF-Wagens“ lagen unmittelbar am Mittellandkanal und an der neuen Autobahn zwischen Hannover und Berlin. Es bestand ein direkter Anschluss an die Eisenbahnverbindung zwischen Berlin und dem Ruhrgebiet. Dazu kam die Nähe zur Industriestadt Salzgitter und zur Großstadt Braunschweig. Drei Architekturbüros hatten die Pläne mit der 1,5 Kilometer langen Westfront entlang des Mittellandkanals entworfen. Zusammen mit den 210.500 Quadratmetern in den Fertigungshallen gehörte das VW-Werk zu den weltweit größten Baukomplexen seiner Zeit, für dessen Errichtung mehr als 3000 Arbeiter in die Hände spucken durften. Die mussten nach Beginn des Krieges ihren VW-Job an italienische Kollegen übergeben, um an der französischen Atlantikküste hundertausende von Tonnen Beton in den Bunkeranlagen des Westwalls zu verarbeiten.

Der ursprüngliche Auftrag des neuen Kommandanten lautete genau genommen, die riesige Autofabrik der Nazis abzuwickeln. Immerhin waren durch Auslagerung mehr als 90 Prozent der Produktionsmaschinen unversehrt geblieben, doch deren Verwertung sollte durch Demontage und einen Verkauf an englische Autohersteller erfolgen – als Reparationsleistung der besiegten Deutschen. Auch Australier hatten am Maschinenpark von Volkswagen Interesse angemeldet.

Die erste Inventur des Werks gab ebenfalls kaum Anlass, sofort an den Aufbau einer Autoproduktion zu denken. Zerstörungen an Gebäuden, defekte Maschinen und umfassender Mangel beherrschten die Lage. Mangel an Maschinen zum Beseitigen der Trümmer, Mangel an Arbeitskräften, Mangel an Material, Mangel an Wohnraum, Mangel an Nahrung. Auf der Habenseite standen die einzige Autoproduktionsstätte Deutschlands, in der theoretisch noch produziert werden konnte und einige ehrgeizige und hoch motivierte deutsche Fachleute, deren Loyalität zum Werk ihren Weg geschmeidig von der alten Ordnung zu den neuen Herren gefunden hatte.

Hirsts erster und engster deutscher Mitarbeiter wurde Rudolf Brörmann, den die Amerikaner unmittelbar nach der Eroberung als Werksleiter eingesetzt hatten, bevor Werk und Stadt der britischen Besatzungszone zugeschlagen worden waren. Brörmann hatte trotz der drohenden Niederlage nicht versucht, sich selbst in Sicherheit zu bringen, sondern zu retten, was vom Volkswagenwerk noch zu retten war. Seine Kenntnisse des Werks, der Stadt und der bestehenden Verhältnisse qualifizierten Brörmann zum kongenialen Partner des Briten, dem es viel zu wenig war, im Werk einen Reparaturposten der REME-Einheit zu sehen. Dieser Status war aus Sicht der Stunde Null von großem Wert, denn er unterstrich eine ausreichend große Wichtigkeit für die Besatzer, die verhinderte, dass das Werk sofort durch Demontage abgewickelt wurde.

Bei der Ankunft von Ivan Hirst in Wolfsburg war die Produktion nicht zu hundert Prozent zum Erliegen gekommen. Ein verbliebener Rest der Belegschaft schraubte aus vorhandenen Teilen noch den einen oder anderen Kübelwagen zusammen. Die 138 Exemplare, die bis zum 1. Juni entstanden waren, hatte die US Army übernommen. Hirst sah in dem ehemaligen Armeefahrzeug „eine krampf-

Die Produktion in den ersten Jahren war improvisiert und arbeitete im Wesentlichen den Fundus aus vorhandenen Teilen ab.

In den ganz frühen Produktionsjahren 1946/47 reichte noch eine einzige unbeschädigte Halle zur Lagerung von Material und halbfertigen Fahrzeugen aus.

Oben rechts: Produktionsalltag im Jahre 1946: Die ersten Käfer entstanden noch in Handarbeit. Moderne Produktionsbänder wurden in Wolfsburg erst später eingeführt.

An modernen Maschinen für die Fertigung herrschte kein Mangel. Sie waren zu einem großen Teil rechtzeitig vor einer Zerstörung in Sicherheit gebracht worden. Ivan Hirst verhinderte persönlich die Demontage für Reparationsleistungen.

hafte Sache", denn für den Kübelwagen gab es in einer friedlichen Nachkriegsordnung keine Akzeptanz und auch keinen Bedarf. Schwimmwagen des 1944 eingestellten Typ VW 166 waren wegen der Bestimmungen der Entmilitarisierung Deutschlands als potenzielles Kriegsgerät ohnehin tabu.

Doch da gab es noch ein drittes Produkt. Das Auto, für das diese riesige Produktionsanlage samt der Stadt Wolfsburg eigentlich errichtet worden war. Vom echten Käfer waren in den Kriegsjahren nur die bereits erwähnten 630 Einheiten für hohe Militärs und leitende Funktionäre von Staat und Partei entstanden. Der Käfer konnte die Rettung bringen, wenn dies auch mehr als ein Wunder erforderte.

Hirsts Vorgesetzter Colonel Michael A. McEvoy verkörperte eines der vielen kleinen Wunder, die für das große Wunder der Auferstehung von Volkswagen unumgänglich waren. Michael McEvoy, ein ausgezeichneter Autoingenieur, sprach hervorragend Deutsch, weil er vor dem Krieg einige Jahre in Stuttgart gelebt und bei Mercedes an der Entwicklung von Rennwagen gearbeitet hatte. Den KdF-Wagen kannte er seit einem Besuch der Internationalen Automobilausstellung 1939 in Berlin. Das Konzept und die Konstruktion hatten einen bleibenden und vor allem überzeugenden Eindruck hinterlassen.

McEvoy war für die Einrichtung des REME-Stützpunktes der britischen Armee in Wolfsburg verantwortlich gewesen, der das technische Rückgrat der britischen Armee in Deutschland bildete. Aus den Erfahrungen dieser Position war ihm klar, dass REME sich nicht nur auf das Instandsetzen der bestehenden Fahrzeuge konzentrieren konnte. Es mussten dringend neue Fahrzeuge her. Dafür machte es Sinn, das vorhandene Volkswagenwerk nicht zu demontieren oder abzureißen, sondern für die Produktion dieser so dringend benötigten Autos zu nutzen.

Die beiden Offiziere waren sich einig. Rudolf Brörmann und die deutschen Mitarbeiter in zentralen Funktionen wussten sie hinter sich. In einem nächsten Schritt galt es die Militärregierung zu überzeugen. Der Plan der britisch-deutschen Volkswagenretter sah folgendermaßen aus: Das am besten erhaltene Modell eines Volkswagens, das auf dem Gelände zu finden war, erhielt eine Lackierung in Khaki und wurde nach Bad Oeynhausen ins Hauptquartier der Briten expediert. Das einfache, aber solide Auto überzeugte ebenso wie der Umstand, dass die Produktion des Autos dazu beitragen könnte, die Besatzungskosten mit zu finanzieren, für die die Deutschen aufkommen mussten. Mit dem Argument Produkte für eine zivile Verwendung zu

fertigen, ließ sich das Werk nicht zuletzt besser vor Demontage schützen.

Die nächste Hürde, die übrigen Alliierten, allen voran die Sowjets, von der Notwendigkeit einer Fertigung zu überzeugen, erwies sich niedriger als befürchtet. Die Russen sahen in dem Vorhaben, künftig KdF-Wagen zu bauen, ein „soziales Projekt". Schließlich ging es bei der Autoproduktion um das künftige Wohl von Arbeitern. Somit erzielten die verbündeten Siegermächte eine Vereinbarung, dass das Werk und vor allem seine technischen Einrichtungen für die kommenden vier Jahre an ihrem Standort verbleiben und nicht als Reparationsleistungen demontiert und ins Ausland verschickt werden sollten.

Am 22. August 1945 erteilte Oberstleutnant G. L. Glock als Vertreter der britischen Militärregierung in Hannover einen offiziellen Befehl. Bis zum Juli 1946 sollte das Volkswagenwerk 20.000 Limousinen, 500 Sonderfahrzeuge mit einer gleichen Anzahl von Anhängern für die Post sowie 200 Anhänger in Khaki für die Armee fertigen.

Dass dieser Befehl angesichts des schwer beschädigten Presswerks und der vorherrschenden Bedingungen im Werk und in Wolfsburg tatsächlich ausgeführt werden konnte, glaubte natürlich keiner der Beteiligten ernsthaft. Wichtig war der Auftrag, der die Zukunft des Werks sicherte – und Zukunftspläne reichten im deutschen Sommer 1945 selten weiter als ein paar Tage oder allenfalls Wochen. Die ersten Volkswagen nach dem Krieg kamen jedoch auf die Räder, meist Nutzfahrzeugderivate des Käfers. Die erste Limousine des Volkswagens entstand am 22. November 1945, bis zum Jahresende folgten 56 weitere. Bald feierte die Produktionsstatistik den 1000sten Volkswagen und registrierte bis zum Jahresende insgesamt 1785 neue Autos und 713 Anhänger.

Zwei Wochen nach dem ersten Auftrag verdoppelte die Militärregierung den Produktionsauftrag oder besser -befehl auf 40.000 Autos. Die Produktionszahl von 4000 Autos pro Monat sollte „so schnell wie möglich erreicht werden".

Die Fertigstellung des 1000sten Käfers im März 1946 war Anlass für eine kleine Feier. Ivan Hirst fuhr persönlich die ersten Meter des Jubiläumsautos.

Der Weg zum 100.000sten Käfer

3. Der Weg zum 100.000sten Käfer

Der Zweite Weltkrieg bedeutete für die globale Autoindustrie eine nachhaltige Zäsur. Nicht einmal in den Vereinigten Staaten entwickelten die Hersteller während des Krieges neue Fahrzeuge für den zivilen Gebrauch. 1942 hatte die US-Regierung eine Benzinrationierung verfügt. 1943 legten englische Bomber in Italien die Produktionsstätten von Fiat in Turin und von Alfa Romeo in Mailand in Schutt und Asche. 1944 enteignete die französische Regierung, sofort nach der Rückeroberung von Paris im August, den Industriellen Louis Renault (1877-1944) wegen angeblicher Kollaboration mit den deutschen Besatzern. Bis zum Ende des Jahres entstanden bei Peugeot die 20 ersten Nachkriegsautos in Handarbeit und der britische Sportwagenspezialist „SS Cars Limited" änderte am 9. September 1945 seinen Namen in „Jaguar Cars Limited". „SS" hatte zwar für „Swallow Sidecars" gestanden, doch wurde dieses Kürzel im Nachkriegsengland wegen negativer Assoziationen verboten. Und in Griechenland stand 1944, nach dem Ende der deutschen Besatzung, kein einziger Personenwagen mehr zur Verfügung.

Der Bedarf an neuen Autos war jedoch enorm. Ford stellte in den Vereinigten Staaten am 10. September 1945 seine erste Neuentwicklung vor, für die in kürzester Zeit mehr als 300.000 Bestellungen eingingen.

Es dürfte bei den Verantwortlichen in Wolfsburg Anfang 1946 kein Zweifel daran bestanden haben, für die 40.000 geforderten Autos sofort einen Abnehmer zu finden, doch unter den vorherrschenden Bedingungen war an solche Produktionszahlen nicht zu denken. Das Volkswagenwerk verfügte über keine Stammbelegschaft, weil die Männer noch nicht aus der Kriegsgefangenschaft heimgekehrt waren. Die Zwangsarbeiter, die noch nicht in ihre Heimat zurück reisen konnten, waren für die Produktion kaum zu motivieren und sorgten eher für Unruhe. Material für die Produktion war entweder knapp oder gar nicht vorhanden. Die Bevölkerung, die kaum Hungerrationen bekam, dachte nur an das eigene Überleben. Was im Werk nicht niet- und nagelfest war, fand als Tauschobjekt für den Schwarzmarkt neue Besitzer.

Auch in den eigenen Reihen hatte Ivan Hirst mit Schwierigkeiten zu kämpfen. Hochmotivierte Offizierskollegen, die sogenannte „Entwaffnungskommandos" führten, sprengten im Zweifelsfall alles, was aus mehr als zwei Backsteinen bestand und wo sie Reste von Militarismus vermuteten – bevor sie Fragen stellen mussten. Und den verbliebenen deutschen Mitarbeitern drohten von Seiten der Militärregierung Entnazifizierungsverfahren.

Noch 1945 hatte Major Hirst in Wolfsburg hohen Besuch aus der Heimat empfangen: Sir William Rootes (1894-1964), Autoindustrieller aus Südengland, dessen „Rootes Group" Marken wie Hilman, Humber, Singer, Sunbeam und Talbot umfasste. Nachdem die beiden das Werk besichtigt hatten, klopfte der adelige Geschäftsmann dem jungen Offizier mit den Worten auf die Schulter: „Junger Mann, wenn Du glaubst, dass Du hier jemals auch nur ein Auto bauen wirst, bist Du ein Vollidiot." Aber Hirst war offensichtlich nicht Vollidiot genug, die versteckten Absichten seines Gastes nicht zu durchschauen. Der hatte es auf Pressmaschinen abgesehen, die er als englischer Autounternehmer als Reparationsleistung beanspruchen konnte. Diese Maschinen waren erstklassige Produkte aus den Vereinigten Staaten, für die die Nationalsozialisten rare Devisen spendiert hatten. Hirst sorgte mit einem Tarnmanöver dafür, dass die Maschinen blieben wo sie waren. Sein Gast bekam nur alte Maschinen zu sehen, die für ihn nicht attraktiv waren.

Der erste Schritt auf dem Weg zur Besserung der Verhältnisse bestand in einem Dringlichkeitsplan, wie

Dr. Hermann Münch erhielt am 26. Februar 1946 von der Britischen Militärregierung die Berufung als „Chief Custodian“ (Haupttreuhänder) und war somit der erste Generaldirektor der Volkswagenwerk GmbH.

die notwendigen Aufgaben erledigt werden sollten. Als erstes sorgte Major Hirst dafür, dass auf dem Werksgelände aufgeräumt wurde. Britische Pioniereinheiten füllten die Bombenkrater auf dem Gelände auf und organisierten den Abtransport der Trümmer. Danach eroberten Handwerker die Gebäude. Maurer zum Schließen der schlimmsten Bombenlöcher und Klempner, die die Wasserversorgung sicher stellten und vor allem die Toiletten reparierten. Außerdem galt es, die Rückführung der ausgelagerten Maschinen konsequenter zu betreiben. Um für die Bevölkerung ein Signal zu setzten, dass der Krieg vorbei war, ließ Hirst das verwüstete Gelände um das Werk landwirtschaftlich kultivieren und mit Wintergetreide bebauen, das nach der Ernte ausschließlich Werksangehörigen zur Verfügung stand.

Die Erfolge dieser nur begleitenden Maßnahmen und die sichtbaren Ergebnisse des Organisationstalents ihres Mannes in Wolfsburg lenkte den Blick von immer mehr britischen Dienststellen auf das Volkswagenwerk, das sich für die Besatzungsmacht schnell zu einem ihrer bedeutendsten Unternehmungen entwickelte. Die Abläufe für eine geregelte Produktion, die ausreichende Versorgung mit Material und Komponenten von Zulieferern, entwickelten eine atemberaubende Dynamik in solcher Komple-

Kurz nach dem Krieg war die Autofertigung noch Knochenarbeit. Im Jahr 1946 mussten Arbeiter zudem mit weniger als 1000 Kalorien am Tag auskommen.

Bei Opel in Rüsselheim hatten die Kriegsschäden bereits 1944 deutlich verheerendere Ausmaße angenommen als bei Volkswagen. In Rüsselsheim war durch die Bombardements der Alliierten kaum ein Stein auf dem anderen geblieben. Das Werk war praktisch komplett zerstört, wodurch der Anlauf der Nachkriegsproduktion bis 1948 verzögert wurde.

xität, dass ein übergeordnetes Kontrollgremium erforderlich wurde. Daraufhin konstituierte sich am 21. Januar 1946 das „Board of Control", das in insgesamt 41 Sitzungen bis zum Herbst 1949 alle Angelegenheiten des Volkswagenwerks regelte.

Dieses „Board of Control" zählte ebenfalls zu den kleinen Wundern, die dem großen Wunder Volkswagen nach dem Krieg den Weg bereiteten. Das Gremium vernetzte alle erforderlichen Dienststellen und wichtigen Entscheidungsträger direkt. In jenen Zeiten der Wirrnis und der kaum vorhandenen Kommunikationstechnik ein unschätzbarer Vorteil, weil über den persönlichen Kontakt manches Problem im direkten Gespräch gelöst werden konnte und Ivan Hirst mit seiner unaufgeregten und sachlichen Art seine Gesprächspartner fast immer überzeugen konnte.

Ein weiteres kleines Wunder ereignete sich im Januar 1946, als es zu einem entscheidenden Wechsel bei der Zuständigkeit für Volkswagen kam. Das Werk unterstand nicht mehr der Regionalregierung in Hannover, sondern kam unter die Fittiche des Militärhauptquartiers in Minden, genauer der „Trade and Industry Division". Diese Division unterstand dem Befehl von Colonel Charles R. Radclyffe, einem anerkannten Autofachmann, Offizier und Gentleman, der bereits im Ersten Weltkrieg in der britischen Armee gedient hatte. Hirst und Radclyffe verstanden sich ausgezeichnet, wobei der Jüngere den Älteren nicht nur als direkten Vorgesetzten schätzte und verehrte, sondern auch als väterlichen Freund.

Die gute Beziehung der beiden Offiziere eröffnete dem kreativen Major Hirst die verschlungensten Pfade bei der Beschaffung des notwendigen Materials für die Produktion. Rohstoffe wie Eisen waren streng rationiert. Auch für einen Betrieb, der für die Alliierten produzierte, war beispielsweise Stahl nur gegen „Eisenscheine" zu erhalten. Eisenscheine regelten den Bezug von Stahl gegen den Nachweis eines Unternehmens, für den Wiederaufbau oder die Besatzungsmächte wirklich wichtige Produkte zu fertigen.

Was nicht auf offiziellem Wege zu organisieren war, besorgte Hirst auf dem „kleinen Dienstweg". Beispielsweise eine Partie Stahl beim Hauptquartier der Franzosen in Baden-Baden im Tausch gegen einige Volkswagen. Beinahe unübersehbar war der logistische Aufwand, auch für die Zulieferbetriebe das erforderliche Material zu organisieren, die für Scheiben, Kleinteile oder Nebenaggregate wie Starter, Lichtmaschine oder Batterie zuständig waren und Glas, Gummi, Kupfer für Leitungen und Leichtmetall für die Motorblöcke benötigten.

Die leitenden Mitarbeiter von Volkswagen gratulierten Ivan Hirst im Jahr 1946 mit persönlichen Grüßen zum dreißigsten Geburtstag.

Bei seiner Ankunft in Wolfsburg hatte Ivan Hirst keine Stammbelegschaft vorgefunden. Meister, Vorarbeiter und Abteilungsleiter waren vorhanden, aber keine Arbeiter für die Montage, weil diese Aufgabe Zwangsarbeiter übernommen hatten, die nun nicht mehr zur Verfügung standen. Bei der Lösung des Personalproblems halfen dem Major einmal mehr sein militärischer Status und die daraus resultierenden Kontakte zu anderen Dienststellen. In diesem Fall zur „Manpower Division", einer Einheit der Militärregierung, die für die Verteilung von Arbeitskräften zuständig war.

Die Briten waren in ihrer Zone schnell dazu übergegangen, Kriegsgefangene zu Hundertausenden zu entlassen. Einerseits weil deren Versorgung die erschöpften Ressourcen der Engländer zum Zerreißen belastete, andererseits, weil die „Prisoners of War" helfen sollten, die Ernte einzubringen, das Transportwesen wieder in Schwung zu bringen oder im Bergbau zu arbeiten. Ivan Hirst gelang es, auf diesem Weg 1000 Mann aus diesen Kontingenten für das Volkswagenwerk abzuzweigen.

Eine zweischneidige Maßnahme, denn die Arbeitskräfte sahen keine Perspektive in einer Anstellung bei VW. Arbeit war kein sicheres Mittel, das Überleben zu gewährleisten. Vom Einkommen aus der Arbeit ließ sich nichts kaufen oder bezahlen. Kaum Nahrungsmittel und noch weniger ein Dach über den Kopf. Die Kälte des einbrechenden Winters erschöpfte die Menschen zusätzlich. Wenn sich ein Ziel für eine Hamsterfahrt herumsprach, fehlten die Arbeiter ebenso, wie im Herbst zur Ernte. Mindestens 25 Prozent der Belegschaft stand aus den unterschiedlichsten Gründen für die Produktion nicht zur Verfügung. Dazu kam eine hohe Fluktuation. Das Barackenlager Wolfsburg lud nicht zum Verweilen ein, schon gar nicht, wenn es nicht die eigentliche Heimat eines entlassenen Kriegsgefangenen war.

Ivan Hirst musste sich um Nahrungsmittel kümmern und begab sich gelegentlich selbst auf Hamsterfahrt. Im November 1945 beispielsweise, als er in Cuxhaven persönlich Fisch für seine Belegschaft organisierte. Baumaterialien für die Wohnbaracken waren kaum zu beschaffen, für neue Wohnungen noch viel weniger. Die Unterbringung von Mitarbeitern in umliegenden Dörfern erforderte den Aufbau einer Transportorganisation, die dafür sorgte, dass die Menschen zur Arbeit und wieder nach Hause kamen.

Zusätzlich litt die aufkeimende Produktion unter der Entnazifizierung, in deren Rahmen die Angehörigen der Werksleitung Rechenschaft über ihre persönliche Biografie unter der NS-Herrschaft ablegen mussten. Keiner der Betroffenen wusste, ob er danach im Werk weiter arbeiten konnte oder nicht. Die Loyalität der Deutschen zum britischen Offizier, der bei Volkswagen das Sagen hatte, ging weit über

Links: Ivan Hirst (rechts) pflegte einen kommunikativen Führungsstil. Karl Schmücker vermittelte für die Belegschaft.

Rechts: Auch die Belegschaft von Volkswagen ehrte Ivan Hirst zu diesem Anlass mit einer selbst gestalteten Urkunde.

das hinaus, was sich gemeinhin aus einem Verhältnis zwischen Besatzern und den Mitgliedern eines besiegten Volkes entwickeln konnte. Die einheimischen Mitarbeiter erkannten schnell, dass Ivan Hirst nicht nur einen Job erledigte, den er auf Befehl übernommen hatte, sondern dass sich der Major das Wohl von Volkswagen zur persönlichen Angelegenheit gemacht hatte. Anerkennung für sein Engagement erhielt er beispielsweise am 1. März 1946, als ihm die Belegschaft zum 30. Geburtstag eine selbstgefertigte Urkunde überreichte, „dem tatkräftigen britischen Offizier Herrn Major Hirst – dem Wiederaufbauer des Volkswagenwerks – zum Geburtstage mit allen guten Wünschen".

Auch aus den eigenen Reihen kam Anerkennung. Aus dem Hauptquartier in Minden traf im März 1946 ein Schreiben ein, dass dazu gratulierte, dass in diesem Monat die Zahl von 1000 produzierten Volkswagen erreicht wurde. Von den im Sommer geforderten 4000 Autos war keine Rede mehr, denn Hirsts Vorgesetzte hatten erkannt, welche Leistung der Major vollbracht hatte, damit überhaupt 1000 Autos innerhalb eines Monats hergestellt werden konnten. Und das war 1946 die Ausnahme und noch lange nicht die Regel.

Das Jahr 1946 gab sonst nicht den geringsten Anlass zum Optimismus. Schon gar nicht für die deutsche Bevölkerung. Die Versorgung mit dem Nötigsten funktionierte noch nicht einmal im Ansatz. Die Zerstörungen bei Betrieben und Transportsystemen waren so umfassend, dass sie nicht einmal den größten Optimisten auf eine bessere Zukunft hoffen lassen konnten. Eine Bilanz der deutschen Nachkriegswirtschaft der Alliierten in einem „Level of Industry Plan" ergab, dass die industrielle Kapazität Deutschlands 1946 noch nicht einmal das halbe Niveau von 1938 erreicht hatte. Dazu kam, dass sich die Differenzen der Siegermächte immer stärker vertieften. Der ideologische Konflikt zwischen den Westalliierten und den kommunistischen Russen, der schon während des Krieges geschwelt hatte, brach offen aus. In Verbindung mit den unterschiedlichen Interessen der Besatzungspolitik entstand ein bedrohliches politisches Klima. Die Teilung Deutschlands begann sich abzuzeichnen.

In der britischen Zone kam es zu besonders drastischen Engpässen bei der Versorgung der Bevölkerung mit Nahrungsmitteln. Die britische Zone war von einer hohen Bevölkerungsdichte gekennzeichnet. Die Industrie bildete gegenüber der Landwirtschaft ein Übergewicht, sodass die Engländer gezwungen waren, die Lebensmittelrationen im März 1946 um weitere 500 Kalorien auf 1050 Kalorien pro Tag zu kürzen. Das reichte eingedenk der Tatsache, dass ein Arbeiter mindestens 3000 Kalorien am Tage benötigte, niemandem zum Überleben. Diese schlechte Versorgung brachte die Menschen gegen die Engländer weiter auf. Doch auch in deren Heimat konnte sich kaum jemand den Bauch nach Herzenslust vollschlagen. Die finanziellen Folgen des Krieges, die Schulden für die Unterstützung durch die Amerikaner mit unbegrenztem Rüstungsmaterial hatten England an den Rand des wirtschaftlichen Zusammenbruchs getrieben. Somit mussten auch die Briten auf der Insel mit strengen Rationierungen leben, unter denen sie nicht einmal zu Kriegszeiten hatten leiden müssen. Und obwohl die Briten selbst hungerten, schafften sie zwischen Juni 1945 und

Der Krieg hatte viel zerstört und trotz zügigem Wiederaufbau war die Nachkriegsproduktion anfangs geprägt von Improvisationskunst, wie auch auf dieser Produktionsstraße. Im Hintergrund stehen fertige Motoren und ein fahrbereiter Kübelwagen.

April 1946 eine Million Tonnen Nahrungsmittel in ihre Besatzungszone.

Wie überall in Deutschland litten auch die Menschen im VW-Werk an Hungerödemen und Durchfallerkrankungen aufgrund von Fettmangel. Vitaminmangel führte zu Erschöpfungszuständen und Zahnausfall. Zusammenbrüche vor Hunger und Erschöpfung an den Maschinen gehörten im Werk zum Alltag, ebenso der Anblick von Menschen, die sich einfach da niedergelegt hatten, wo sie gerade noch gestanden hatten, weil sie nicht mehr konnten.

Diese Zustände – Arbeitsplätze, die bei Regen komplett unter Wasser standen, Barackenunterkünfte, in denen bis zu 14 Männer in einem Raum lebten – und eine zweite Entnazifizierungswelle ließen das britische Ansehen in der deutschen Bevölkerung in den Keller fallen. Inzwischen waren auch die deutschen Opfer des Nationalsozialismus, Mitglieder von Gewerkschaften, der SPD und KPD auf den Plan getreten, die die erste Entnazifizierung als zu lasch ansahen, weil aktive Nationalsozialisten nicht angemessen zur Rechenschaft gezogen worden waren.

Bei Volkswagen konstituierte sich ein Betriebsrat, der sich durch eine konstruktive Zusammenarbeit mit der Werksleitung und Major Hirst auszeichnete, nicht zuletzt weil die Lösung von Problemen im gemeinsamen Interesse lag. Schritt für Schritt ging es voran. Die Aufräumungsarbeiten auf dem Werksgelände zeigten den meisten sichtbaren Erfolg. Im Sommer 1946 konnte die Zeit der einwöchigen Werksferien genutzt werden, Maschinen aus dem Sockelgeschoss in bereits renovierte Räume zu verlagern. Hirst forderte beim „Board of Control" einen Wirtschaftsexperten an, der die finanzielle Organisation von Volkswagen auf eine professionelle Basis stellte.

Schließlich waren so viele der drängendsten Probleme gelöst, dass eine dringend erforderliche Qualitätskontrolle für die Volkswagen der neuen Produktion ins Auge gefasst werden konnte, denn der Käfer lief nun zur Zufriedenheit, wie der erste Erfahrungsbericht der Nachkriegszeit am 25. September 1946 im „News Chronicle" bestätigte: „Der Volkswagen – ein Wagen ohne Überflüssigkeiten, aber äußerst praktisch. Keine Verchromung, gewöhnliche Tuchpolsterung, versenkte Türgriffe, an denen man sich nicht die Kleider aufreißt. Schnell, leicht zu fahren und bequem."

Trotz der widrigen Umstände war es Volkswagen gelungen, das Jahr 1946 mit einer Gesamtproduktion von 10.020 Autos abzuschließen. Wer einen Bezugsschein besaß und 5000 Reichsmark bezahlte, konnte einen neuen Volkswagen erwerben. Im zweiten Halbjahr 1946 fiel der Preis auf 4000 Reichsmark.

Im Oktober 1946 hatte der 10.000ste Volkswagen Anlass zum Feiern gegeben. Das Erinnerungsfoto von Menschen aus Belegschaft und Werksleitung, die sich da um einen schwarzen Volkswagen scharten, ließ auf dem einen oder anderen Gesicht ein zaghaftes Lächeln erkennen. Trotzdem lauteten die sehnlichsten Wünsche, die die Mitarbeiter auf eine Tafel geschrieben hatten, die sie gegen das Auto lehnten: ein ordentliches Essen, Bier – ein sorgenfreies Leben. „10.000 Wagen, nichts im Magen, wer kann das vertragen?"

Zum Jahreswechsel 1946/1947 schien sich auch noch die Natur gegen die Menschen zu wenden.

Während im zerstörten Deutschland eine Handvoll Käfer in Handarbeit entstanden, baute Cadillac in den USA wieder Luxuslimousinen mit riesigen, 160 PS starken V8-Motoren, wie das Modell 62 von 1948 mit den neu kreierten Heckflossen.

Rechts: Hochzeit in Wolfsburg: In dieser Fertigungshalle wurden 1949 Fahrwerk und Mechanik des Standard-Käfers vereinigt. Zuvor wurde noch ein Lenkrad vom Stapel (rechter Bildrand) zur späteren Montage auf die Bodengruppe gelegt.

Der Winter gilt bis heute als einer der kältesten des 20. Jahrhunderts und als der schneereichste seit 1813. Kein Februar war seit Beginn der Wetterbeobachtungen kälter als der Februar 1947 gewesen. Alleine die Schneemassen reichten aus, die wenigen Verkehrs- und Eisenbahnverbindungen für Wochen und Monate restlos zum Erliegen zu bringen. Viele Menschen erhielten nicht einmal mehr die offiziellen 1000 Kalorien am Tag, sondern mussten sich mit 700 zufrieden geben. Das waren 5,5 Gramm Fleisch und Fett und 35 Gramm Eiweiß.

Die schlimmsten Versorgungslücken schlossen die Schwarzmärkte für all diejenigen, die etwas zu tauschen oder verkaufen hatten. Amerikanische Zigaretten hatten den Rang einer Schattenwährung eingenommen. Eine Packung mit 20 „Lucky Strike" oder „Camel" entsprach rund 150 Reichsmark. Für ein Kilo Kaffee reichte nicht einmal der Kaufpreis eines Vorkriegs-Volkswagens von 990 Mark – hier waren 1100 Reichsmark fällig. Ein Ei kostete zwölf Reichsmark. Kohle zum Heizen war kaum zu erhalten. Sie war streng bewirtschaftet, einen großen Teil verkauften die Alliierten auf dem Weltmarkt, um Reparationsleistungen zu erhalten. In Deutschland kostete der „Hungerwinter" 46/47 etwa 400.000 Menschen das Leben.

In Amerika dagegen hieß das Motto längst wieder: „Freie Fahrt für freie Bürger". Befreit von den Beschränkungen des Krieges und den Umstellungen auf kriegswichtige Produkte, nahmen die Autohersteller 1947 wieder rasant Tempo auf. Neue Ideen für das Styling beflügeln die Phantasie und kreieren Standards, die das Bild des Automobils für mehr als ein Jahrzehnt prägen. Wie beispielsweise die Heckflosse, die der legendäre GM-Designer Harley Earl (1893-1969) beim ersten Nachkriegsmodell von Cadillac als Premiere einsetzte. Beim „Series 62" hatte sich Earl vom Doppelleitwerk des schweren Jagdflugzeugs Lockheed P-38 inspirieren lassen, das zu den erfolgreichsten amerikanischen Flugzeugen auf dem pazifischen Kriegsschauplatz gehört hatte. Die Heckflosse bildete bis Anfang der Sechziger ein beherrschendes Stilelement aller Pkw weltweit. Bei seinem Tod am 7. April 1947 hinterließ Henry Ford seinen Erben 625 Millionen Dollar, damals das größte Vermögen der Welt. Nur sechs weitere Amerikaner besaßen mehr als 100 Millionen Dollar.

In Europa entwickelte sich die Mobilisierung viel zaghafter. Zum ersten Genfer Automobilsalon nach dem Krieg buchten 21 englische, 18 amerikanische, 12 französische, vier italienische und zwei tschechoslowakische Autobauer eine Ausstellungsfläche.

Das Volkswagenwerk wurde unmittelbar Opfer des harten Winters. Es fehlte an Brennstoff für die Lokomotiven. Der hohe Schnee legte ganze Bahnstrecken lahm, der Frost blockierte Weichen und bedeckte schließlich den Mittellandkanal mit einer dicken Eisschicht, so dass auch dieser Transportweg nicht mehr zur Verfügung stand. Da das Presswerk noch unter freiem Himmel arbeitete, legte die Kälte die Maschinen ebenfalls lahm. Den Verantwortlichen blieb nur eine Konsequenz: das Werk für mehr als zwei Monate vom 7. Januar bis zum 10. März komplett zu schließen.

Für Major Hirst schien sich seine Mission dem Ende zuzuneigen. Die Engländer waren der Meinung, Ende 1946 könnte Volkswagen auf eigenen Beinen stehen und ohne militärische Aufsicht am effektivsten für die Engländer arbeiten. Der Abzug von Militärangehörigen sollte der Senkung der Besatzungskosten dienen. Für 1947 war zudem eine Zusammenlegung der britischen und der amerikanischen Besatzungszone geplant, was den Briten nicht nur helfen sollte, den Aufwand für die Besatzung zu reduzieren, sondern auch ein marktwirtschaftliches Umfeld für die deutsche Industrie zu schaffen. Im Dezember 1946 machte Hirst erstmals seit dem Krieg zu Hause Urlaub bei seiner Frau.

Oben: So präsentierte sich das stilvoll gestaltete Armaturenbrett. Zwischen Tacho und Uhr thront der Winkerschalter.

Die Personalpolitik zeigte auch bei Volkswagen Wirkung und erwies sich als Bumerang für die Engländer. Ohne die kluge Aufsicht Hirsts entstand bei den Briten der Eindruck, Werksleitung und Belegschaft kümmerten sich mehr um das eigene Wohl und um den Schwarzmarkt als um reibungslose Produktionsabläufe oder gar eine steigende Produktion. Was so abwegig nicht war.

Nach dem Ende seines Urlaubs verabschiedete sich Ivan Hirst aus dem militärischen Dienst und trat als Zivilangestellter in die „German Section" des britischen Außenministeriums ein, um, zeitlich befristet, mit attraktiveren Bezügen seinen alten Posten wieder zu übernehmen. Mit festem Griff nach den Zügeln von Volkswagen räumte er den Irrtum der Deutschen aus, die Briten würden das einheimische Management künftig nach eigenem Gutdünken schalten und walten lassen. Hirst, der mit seiner Frau in ein kleines Zimmer in Wolfsburg am Steimkerberg gezogen war, stellte bei seiner Rückkehr unmissverständlich klar, „dass die Auslieferung der Fahrzeuge in den nächsten Jahren beim Volkswagenwerk einen anderen Charakter haben wird, als in anderen Automobilfirmen, dass vorzugsweise an die englische und amerikanische Armee geliefert werden wird."

Der lange Winter mit seiner zweimonatigen Produktionsunterbrechung hatte die Briten Bescheidenheit gelehrt, sodass das Produktionsziel mit 1000 Autos im Monat wesentlich realistischer gefasst wurde. Dieses Produktionsziel wurde im Sommer 1947 erreicht. Dabei stabilisierte sich die Fertigung. Eine Untersuchung ergab, dass mit neuen Maschinen, die in Deutschland bereits zu bekommen waren, bis Januar 1948 schon 2000 neue Autos pro Monat realistisch wären. Binnen eines Jahres sollte die Produktion auf 2500 Volkswagen gesteigert werden. Doch neben der Beschaffung der dafür erforderlichen Maschinen galt es den nach wie vor akuten Mangel an Arbeitskräften zu beheben, denn das urbane Kunstprodukt Wolfsburg war kein natürliches Ziel für Kriegsheimkehrer. Am Ende des Jahres war die Produktion unter die von 1946 gefallen. 8987 Autos hatten 1947 das Werk verlassen.

1948 kühlte das Verhältnis zwischen den ehemaligen Verbündeten und Gewinnern des Krieges gegen Nazideutschland zu einer politischen Eiszeit ab. Für Deutschland, zumindest für den westlichen Teil an der Nahtstelle der beiden Blöcke, erwies sich diese Situation als ungeheurer historischer Glücksfall. Unmittelbar nach der Niederlage und der Öffentlichmachung der Kriegsverbrechen, der Gräueltaten in Konzentrationslagern und der umfassenden deutschen Schuld an Völkermorden im Rahmen der Nürnberger Kriegsverbrecherprozesse vom 20. Oktober 1945 bis zum 1. Oktober 1946, hatte Deutschland jeden Sympathiewert in der Welt scheinbar für immer verspielt. Nun, da sich zwischen Westen und Osten ein tiefer Riss bildete, schien sich Deutschland doch als natürlicher Puffer und somit auch als wichtiger wie verlässlicher Partner des Westens zur Abwehr der Gefahr aus dem Osten zu eignen. Nicht wenige Militärs wie der amerikanische General George S. Patton (1885-1945) hatten schon nach der Kapitulation der Wehrmacht laut mit Gedanken gespielt, die Deutschen neu zu bewaffnen und mit ihnen sofort gegen die erschöpften Russen ins Feld zu ziehen, um ein für allemal den Kommunismus zu besiegen. Eine Idee, deren Charme auch alliierte Politiker im stillen Kämmerlein erliegen konnten.

Die ersten 20.000 Käfer aus der Serienfertigung gingen fast ausschließlich an die Behörden der alliierten Siegermächte.

Ivan Hirst, zutiefst überzeugt vom Erfolg dieses Fahrzeugkonzeptes, kümmerte sich persönlich um neue Kunden für die Autos aus Wolfsburg, indem er selbst den Wagen vorstellte.

Die amerikanische Politik entschied 1948, in „ihrem Teil" von Europa neue Fakten zu schaffen. Dafür sollte ein gewaltiges Programm aufgelegt werden, das eine gründliche ökonomische Stärkung der Verbündeten in der alten Welt und nicht zuletzt des besiegten Feinds bewirken sollte. Das Programm erhielt den Namen Marshall-Plan nach seinem Initiator George C. Marshall (1880-1959). Marshall, der als Fünf-Sterne-General im Zweiten Weltkrieg alle Aktionen der alliierten Streitkräfte in Europa und Asien koordiniert hatte, war 1947 Außenminister unter dem 33. US-Präsident Harry S. Truman (1884-1972) geworden. Das „European Recovery Program", das Marshall kurz nach seinem Amtsantritt skizziert hatte, sah eine umfassende finanzielle Unterstützung Westeuropas durch die Vereinigten Staaten vor. Im ersten Jahr sollten 4,875, im zweiten 3,880 und im dritten Jahr 2,720 Milliarden Dollar über den Atlantik fließen. Davon sollten England 4,450, Frankreich 3,1, Italien 1,3, Westdeutschland 1,0, Holland 0,785 und 13 weitere Länder 0,84 Milliarden Dollar erhalten.

Der Marshall-Plan erreichte sein Ziel und gab Westeuropa den nötigen Schwung für eine Erholung der Wirtschaft und die Beseitigung der Kriegsschäden. Die Initiative trug seinem Urheber 1953 den Friedensnobelpreis ein.

In der englisch-amerikanischen Bizone richteten die Verantwortlichen in Frankfurt am Main die „Joint Export-Import Agency" (JEIA) ein, um Exporte aus der Zone zu fördern und dringend benötigte Importe zu ermöglichen. Für Ivan Hirst hatte sich ab Sommer 1947 viel Grundsätzliches geändert, ganz abgesehen von der Verbesserung seiner privaten Situation. Die Fortschritte bei Volkswagen waren bei allen anhaltenden Problemen erkennbar, die Entwicklung zu einer stabilen Produktion mit steigendem Ausstoß keine Utopie mehr. Die neue Politik der Bizonen-Verwaltung, den Export ankurbeln zu wollen, rückte das VW-Werk in den Mittelpunkt dieser Aktivitäten. Die Fabrik, die bei allen Widrigkeiten weiter genesen war als praktisch alle anderen deutschen Großunternehmen, sollte einen wesentlichen Beitrag zu dieser Exportpolitik leisten. Dank dieser Strategie verblasste das Gespenst der Demontage immer mehr, im Juli 1947 erklärte Ivan Hirst seinen deutschen Verantwortlichen, dass es „als fast sicher anzunehmen sei, dass der Abtransport des Werks nicht mehr in Frage kommt. Die Vermögensfragen können dann erst geklärt werden, wenn hierüber alle Zonen entscheiden können. Da dies zur Zeit und auch auf weite Sicht nicht der Fall sein wird, steht das Werk wahrscheinlich noch auf Jahre unter Kontrolle."

Einen wesentlichen Punkt, der die langfristige Sicherung von Volkswagen tatsächlich gewährleisten würde, skizzierte Ivan Hirst am 22. März 1947 der Werksleitung, nämlich „dass die Möglichkeit, den Volkswagen zu exportieren, ins Auge gefasst werde". Ein paar Tage nach der winterbedingten über zweimonatigen Werksschließung eine kühne Vision, denn noch waren grundlegende Voraussetzungen für eine solches Vorhaben nicht geschaffen. Das begann mit der noch unzureichenden Qualität vieler verwendeter Materialien und Komponenten und der daraus resultierenden bescheidenen Produktqualität. Darüber hinaus setzt der Export eine stabile Produktion voraus, um Aufträge in unterschiedlichem Umfang auch pünktlich bewältigen zu können. Von der Organisation einer Vertriebsstruktur, einem Ersatzteilwesen oder Produktschulungen für Mechaniker ganz abgesehen.

Besonders der Nachschub mit Ersatzteilen für die bereits ausgelieferten Volkswagen steckte noch in den Kinderschuhen und drohte wegen Ineffizienz den guten Ruf der Autos zu schädigen, weil auch der beste Wagen ohne verfügbare Verschleißteile zum Stillstand verdammt ist. Das Qualitätsmanagement in den kommenden Monaten glich einem Spaziergang auf der Rasierklinge. Die Interessen

Für den Export, der dringend benötigte Devisen und Rohstoffe erwirtschaften musste, entwickelte VW eine Version des Käfers mit besserer Ausstattung, viel Chrom und hochwertigerer Lackierung: Ab 1. Juli 1949 ging das Modell De Luxe Export in Produktion. Die zwei Armrollen waren aber nur bis 20. November 1951 Bestandteil der Serienausstattung.

aller Beteiligten lagen viel zu weit auseinander. Die Briten drängten auf eine Erweiterung der Produktion, was in jedem Fall zu Lasten der Qualität gehen musste. Die Deutschen unterstellten diesen Ambitionen eine vorsätzliche negative Beeinflussung der Qualitätsbemühungen. Und schließlich ging praktisch die gesamte Produktion an die Alliierten, was nicht eben zur Motivation beitrug, die Qualität signifikant zu steigern.

Ivan Hirst wusste, dass Qualität ein Schlüsselbegriff sämtlicher künftiger Exportpläne war. Wenn der Volkswagen hinaus in die Welt fahren würde, wäre er sein eigener Botschafter und würde den Ruf des Autos und seines Werks in allen Ländern außerhalb Westdeutschlands begründen. Das Exportauto müsste sich deutlich vom Standard-Modell unterscheiden. Damit waren zwei Produktlinien geboren. Einmal der Standard-Käfer und zum anderen der Export-Käfer. Das Exportmodell sollte eine „De-Luxe"-Ausstattung erhalten, mit verbesserter Polsterung, verchromten Radkappen, einer größeren Farbpalette und vor allem einer besseren Lackierung.

Volkswagen präsentierte das Exportmodell als Studie erstmals im Sommer 1947 auf der Industriemesse in Hannover. Zwei Vorführwagen für die

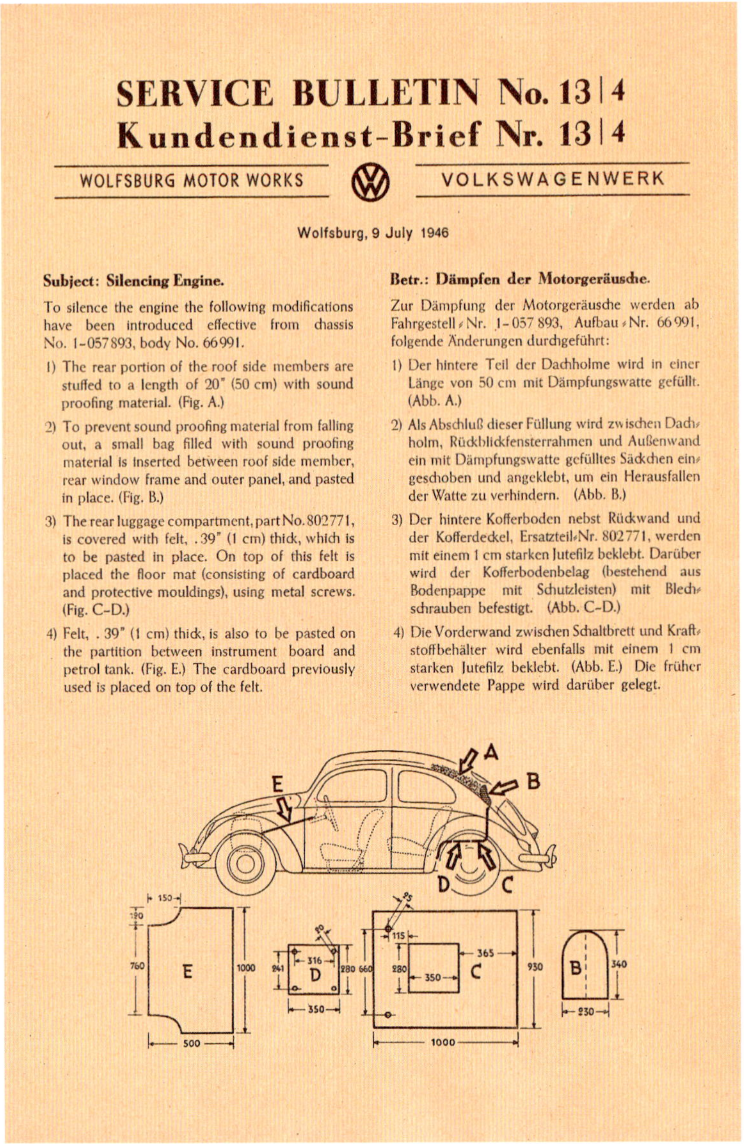

SERVICE BULLETIN No. 13 | 4

Kundendienst-Brief Nr. 13 | 4

WOLFSBURG MOTOR WORKS — VOLKSWAGENWERK

Wolfsburg, 9 July 1946

Subject: Silencing Engine.

To silence the engine the following modifications have been introduced effective from chassis No. 1-057893, body No. 66991.

1) The rear portion of the roof side members are stuffed to a length of 20" (50 cm) with sound proofing material. (Fig. A.)

2) To prevent sound proofing material from falling out, a small bag filled with sound proofing material is inserted between roof side member, rear window frame and outer panel, and pasted in place. (Fig. B.)

3) The rear luggage compartment, part No. 802771, is covered with felt, .39" (1 cm) thick, which is to be pasted in place. On top of this felt is placed the floor mat (consisting of cardboard and protective mouldings), using metal screws. (Fig. C-D.)

4) Felt, .39" (1 cm) thick, is also to be pasted on the partition between instrument board and petrol tank. (Fig. E.) The cardboard previously used is placed on top of the felt.

Betr.: Dämpfen der Motorgeräusche.

Zur Dämpfung der Motorgeräusche werden ab Fahrgestell-Nr. 1-057 893, Aufbau-Nr. 66 991, folgende Änderungen durchgeführt:

1) Der hintere Teil der Dachholme wird in einer Länge von 50 cm mit Dämpfungswatte gefüllt. (Abb. A.)

2) Als Abschluß dieser Füllung wird zwischen Dachholm, Rückblickfensterrahmen und Außenwand ein mit Dämpfungswatte gefülltes Säckchen eingeschoben und angeklebt, um ein Herausfallen der Watte zu verhindern. (Abb. B.)

3) Der hintere Kofferboden nebst Rückwand und der Kofferdeckel, Ersatzteil-Nr. 802771, werden mit einem 1 cm starken Jutefilz beklebt. Darüber wird der Kofferbodenbelag (bestehend aus Bodenpappe mit Schutzleisten) mit Blechschrauben befestigt. (Abb. C-D.)

4) Die Vorderwand zwischen Schaltbrett und Kraftstoffbehälter wird ebenfalls mit einem 1 cm starken Jutefilz beklebt. (Abb. E.) Die früher verwendete Pappe wird darüber gelegt.

Erste Serviceanleitungen veröffentlichte Volkswagen bereits für die frühesten Modelle ab 1946.

Ab 1947 begannen die Gebrüder Pon mit dem Import von Käfern in die Niederlande.

Schweiz erhielten eine Spezialbehandlung mit zusätzlichem Chrom für Stoßstangen und Scheinwerfereinfassungen und ein gründliches Einfahrprogramm über 1000 Kilometer. Sein internationales Debüt feierte der Volkswagen im Oktober 1947 im Rahmen der Automobilausstellung in Paris, der ersten großen internationalen Autoausstellung nach dem Krieg. Ivan Hirst und Charles Radclyffe waren nach Paris gereist, um die Reaktionen des Publikums auf das deutsche Auto persönlich zur Kenntnis zu nehmen. Der Käfer kam an, überzeugte mit Werten, die zu dieser Zeit zählten: Schlichtheit und Robustheit. Und mit einem guten Preis-Leistungsverhältnis.

Den ersten Exportvertrag schloss Volkswagen am 8. August 1947 mit dem niederländischen Autohandel, den Gebrüdern Pon. Die ersten fünf Autos kamen aber erst im Oktober zur Auslieferung, als Hirst die Ersatzteilversorgung und die Gewährleistung eines kompletten Reparaturdienstes als gesichert ansah.

Als sich Volkswagen erkennbar zum kommerziellen Autoproduzenten entwickelte, kam Ivan Hirst zu dem Entschluss, dass das Unternehmen dringend ein professionelles deutsches Management benötigte. Der als Haupttreuhänder und erster Generaldirektor bei Volkswagen amtierende Dr. Hermann Münch (1885-1951), ein Jurist, hatte einerseits mit Eigenmächtigkeiten den Unmut der Briten erregt, zum anderen fehlte ihm technisches Verständnis und damit die Voraussetzung, die kaufmännische Abteilung auf die Bedürfnisse der Technik abzustimmen.

Auf der Suche nach einer Ablösung für Hermann Münch stieß Ivan Hirst auf einen gewissen Heinrich Nordhoff (1899-1968). Nordhoff, Sohn eines Privatbankiers, hatte in Berlin Maschinenbau studiert. Nach einer Station bei BMW im Flugmotorenbau kam er zur deutschen General Motors-Tochter Opel. GM finanzierte dem ehrgeizigen jungen Mann eine Studienreise in die Vereinigten Staaten, wo Nordhoff die Produktions- und Vertriebsmethoden des weltweit größten Autoproduzenten kennen lernte, wovon er später noch bei Volkswagen profitierte. Seine Karriere war steil. Er wurde Vorstandsmitglied bei Opel und ab 1942 Leiter des Opel Lkw-Werks in Brandenburg, das ein englischer Bombenbangriff am 6. August 1944 so nachhaltig zerstörte, dass während des Kriegs keine Produktion mehr aufgenommen werden konnte. Nach dem Krieg im Entnazifizierungsverfahren entlastet, kam Nordhoff als ehemalige „Führungskraft der Wirtschaft im nationalsozialistischen Deutschen Reich" für eine Weiterbeschäftigung bei Opel aus Sicht der amerikanischen Politik dennoch nicht mehr in Frage.

Zum Glück von Volkswagen, denn Ivan Hirst ließ sich als eingefleischter Pragmatiker von solchen Ressentiments nicht leiten und bot Heinrich Nordhoff den Posten des Generaldirektors bei Volkswagen zum 1. Januar 1948 an. Die Wahl war ein Volltreffer. Nordhoff war der Typ von Manager, den Volkswagen benötigte. Er agierte mit Durchsetzungsvermögen, technischem Verständnis und

Einfach, robust und zuverlässig: Die ersten Volkswagen aus Nachkriegsproduktion basierten auf übriggebliebenen Kübelwagen. Die Produktion begann im August 1945 mit insgesamt 703 Exemplaren des hier gezeigten Typ 51.

Heinrich Nordhoff, ein ehemaliger GM-Manager in Diensten von Opel, übernahm 1948 das Ruder bei Volkswagen. Er erkannte die Notwendigkeit, sich grundsätzlichen Problemen zu widmen: „Der Käfer", sagte er, „hat so viele Fehler wie ein Hund Flöhe."

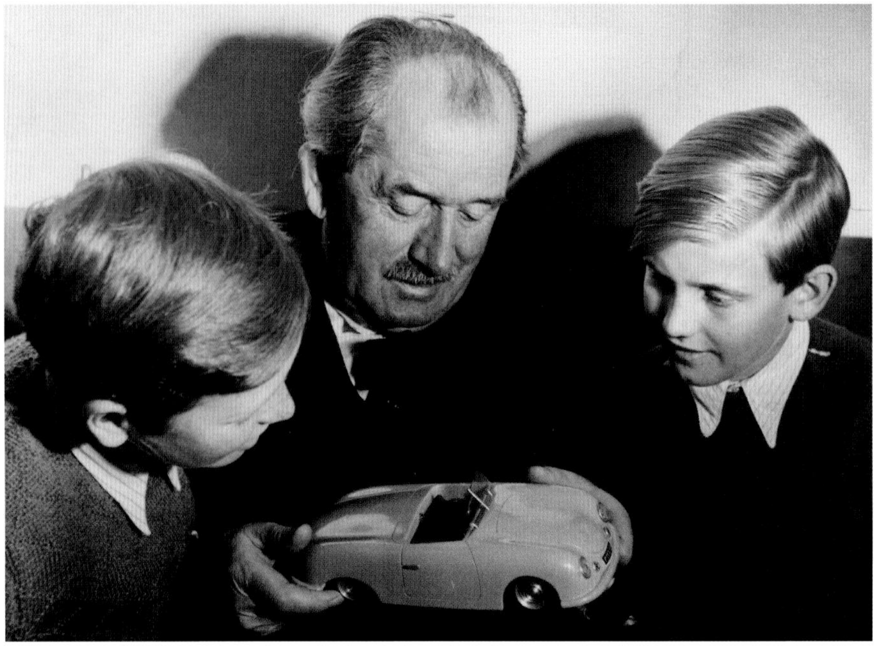

Links: Ferdinand Porsche mit zwei seiner Enkel: Rechts der spätere Volkswagenchef Ferdinand Piëch. Der am 17. April 1937 in Wien geborene Piëch wird am 1. Januar 1993 Nachfolger von Carl Hahn im Amt des Vorstandsvorsitzenden. Im Jahr 2002 übernimmt er den Sitz als Aufsichtsratsvorsitzender der Volkswagen AG und ist außerdem Großaktionär der Porsche Automobil Holding SE.

kaufmännischem Können. Um seine Solidarität mit der Belegschaft zu demonstrieren, wohnte er im obersten Stock des Bürogebäudes. Nordhoffs gesundes Selbstbewusstsein war zudem die Basis für eine erfolgreiche Selbstdarstellung, die er Zeit seines Lebens nutzte, um Volkswagen und nicht zuletzt sich selbst stets ins richtige Licht zu rücken. Dabei unterstützte ihn Frank Novotny, der für die „Public Relation" bei Volkswagen zuständig war. Public Relation, so hatte Ivan Hirst Novotny vermittelt, sei mehr als reine Pressearbeit. PR umfasse die gesamte Öffentlichkeitsarbeit, die Unternehmensdarstellung nach innen wie nach außen.

Mit der Bestellung Heinrich Nordhoffs verlor Ivan Hirst selbst an Bedeutung für Volkswagen. Die Rivalität zwischen den beiden so unterschiedlichen Männern entfaltete sich sofort nach Nordhoffs Arbeitsantritt. Der Deutsche machte kein Hehl daraus, dass er kaum gewillt war, sich einem 17 Jahre Jüngeren unterzuordnen.

Im Mai 1948 hatte Hirst die Umstrukturierung des deutschen Managements bei Volkswagen abgeschlossen. Die drängendsten Probleme waren gelöst, sogar die Zahl von schweren Unfällen im Werk war praktisch bis auf Null zurück gegangen. Mit 19.244 Autos hatte sich die Jahresproduktion gegenüber 1947 mehr als verdoppelt.

Die Erfolge beschleunigten auch ein Ereignis, das 1948 so etwas wie den Urknall des westdeutschen Wirtschaftswunders bedeutete: die Währungsreform. Dieses Ereignis, die Änderung relevanter Merkmale einer Währung, war den Deutschen bereits geläufig. Die bislang erfolgreichste deutsche Währungsreform hatte 1923 die Hyperinflation beendet, bei der der Kurs von einer Billion Mark für eine Rentenmark, die spätere Reichsmark, festgelegt worden war.

1948 war die deutsche Währung wieder wegen eines immensen Geldüberhangs zerrüttet. Zwischen 1936 und 1945 war in Deutschland durch die Kriegsfinanzierung bereits ein riesiger Geldüberhang entstanden, weil die Menschen arbeiteten, Geld verdienten und es letztendlich sparten, weil kein entsprechendes Warenangebot der Kaufkraft entgegenstand. Diesen Geldüberhang konnten die Nationalsozialisten noch regulieren, indem sie Angebot und Nachfrage bei Gütern begrenzten und den Abfluss des überschüssigen Geldes durch Zwangsbewirtschaftung von Devisen verhinderten.

Die wirtschaftliche Situation zwischen 1945 und 1948 verstärkte den Geldüberhang und beschleunigte die Zerrüttung der deutschen Währung. Auf der einen Seite steigerte die Ausgabe von Besatzungsgeld die bereits vorhandene Geldmenge, auf der anderen Seite verfiel das Angebot an Gütern, die zum Verkauf angeboten wurden, immer mehr. Wegen der Einschränkungen in der landwirtschaftlichen Produktion, wegen Demontage von Produktionseinrichtungen, wegen Zwangsbewirtschaftung durch die Alliierten oder einfach weil Waren allerorten gehortet wurden, solange sie sich nur gegen an sich wertloses Geld verkaufen ließen.

Zum Stichtag der Währungsreform sollte die Geldmenge in Deutschland im Verhältnis 10:1 zusammengestrichen werden. Jeder Bürger sollte in einem ersten Schritt am 20. Juni 40 neue „D-Mark" und später noch einmal 20 Mark ausgezahlt bekommen. Dafür hatten die Amerikaner neue Scheine gedruckt – die dem Dollar ähnlich sahen – und in 23.000 Holzkisten nach Deutschland verschifft. Um die alte Währung so schnell wie möglich aus den Taschen der Menschen zu holen, mussten alle Barbeträge auf ein Konto eingezahlt und der Anspruch auf Umrechnung geltend gemacht werden. So wurden praktisch über Nacht Sparguthaben von 45,2 Milliarden Reichsmark auf 2,2 Milliarden D-Mark zu-

Links: 20. Juni 1948: In den drei westlichen Besatzungszonen wird die neue D-Mark eingeführt. Für zehn Reichsmark erhielt die Bevölkerung im Rahmen dieser Währungsreform eine D-Mark.

Mitte und rechts: Ein Grund zum Feiern: Am 4. März 1950 verlässt der 100.000ste Käfer das Fertigungswerk in Wolfsburg. Bereits ein Jahr später feiert man den 250.000sten, im Jahr 1953 wird die erste halbe Million geschafft sein.

sammen gestrichen. Das war bitter für jeden, der Gespartes auf dem Konto hatte, doch für die neue „harte" Währung gab es plötzlich alles zu kaufen, weil die gehorteten Waren wie durch Zauberhand in den Läden auftauchten.

Das neue Geld fand seinen Weg natürlich auch in die Lohntüten der Belegschaft bei Volkswagen. Die Motivation wuchs im gleichen Maße, wie die Abwesenheitsquote sank.

1949 konnte in Deutschland noch lange nicht von Normalität gesprochen werden. Mehr als zwei Millionen kriegsversehrte Männer mussten betreut und versorgt werden. Von 5.556.000 Schulkindern in Westdeutschland lebten 2.865.000 (52 Prozent) nicht mit beiden Elternteilen. Millionen Vertriebene aus dem Osten hatten noch kein neues Heim gefunden. Dennoch war es seit dem Ende des Kriegs insgesamt bergauf gegangen. Die Volkswagen-Produktion von 1949 schoss regelrecht auf 46.154 Fahrzeuge.

Diese Erfolge waren nicht zuletzt auf die Tüchtigkeit des neuen Generaldirektors zurückzuführen. Je fester Heinrich Nordhoff das Ruder bei Volkswagen in seine Hände nahm, desto geringer wurde die Bedeutung von Ivan Hirst. Seine Verantwortungsbereiche und Einsatzgebiete schmolzen dahin. Im Juni 1949 bot der Engländer in einem Schreiben noch einmal seine Hilfe an, um vor seinem Ausscheiden die letzten Probleme bei der Übergabe des Werks an die Deutschen aus dem Weg zu räumen.

Ivan Hirst hatte seine Aufgabe, die eigentlich eine unlösbare war, mit Bravour gemeistert. Die Belegschaft im Werk vergaß nicht, was sie ihm zu verdanken hatte und wollte ihm zum Abschied eines der Autos schenken, die dem Engländer ihre Existenz verdankten. Hirst lehnte das Geschenk bescheiden ab und akzeptierte ein Modell des Käfers, das daraufhin für seinen und Colonel Charles Radclyffes Abschied angefertigt wurde. Trotz des kühlen Verhältnisses, das eineinhalb Jahre der gemeinsamen Zusammenarbeit bestimmt hatte, war sich auch Heinrich Nordhoff des Verdienstes der beiden Engländer bewusst, wie aus den Abschiedsschreiben, besonders jenem für Radclyffe, hervorging.

Ivan Hirst blieb mit seiner Frau in Deutschland und arbeitete bis 1955 für verschiedene Dienststellen der Engländer. Als die Bundesrepublik am 5. Mai ihre volle Souveränität zurück erhalten hatte, lösten die Briten diese Dienststellen auf. Hirst, mit 39 viel zu jung für einen Ruhestand, ging nach Paris und begann sein neues berufliches Leben mit einer bescheidenen Stelle bei der „Organisation für europäische wirtschaftliche Zusammenarbeit" (OEEC). 1976 nutzte er das Angebot für seinen Vorruhestand, um nach 30 Jahren in seine Heimat zurückzukehren. Er ließ sich in Marsden, einem Dorf bei Manchester nieder. Als gesuchter Volkswagen-Experte und Zeuge der frühen Werksgeschichte erlebte Ivan Hirst doch noch die Anerkennung für seine Leistungen. Nordhoffs Nachfolger Dr. Kurt Lotz (1912-2005) erkannte ebenfalls die Bedeutung des Briten und lud ihn zu allen wichtigen Anlässen nach Wolfsburg ein. Ivan Hirst blieb Volkswagen bis zu seinem Tod am 9. März 2000 verbunden.

Der Erfinder des Volkswagens und Initiator des Werks, Ferdinand Porsche, spielte nach dem Krieg in Wolfsburg keine Rolle mehr. Nachdem er für seinen obersten Dienstherrn während des Krieges den einen oder anderen schweren („Ferdinand") oder superschweren Panzer („Maus") entwickelt hatte, die sich alle durch einen eklatanten Mangel an Zuverlässigkeit und fehlenden taktischen Nutzwert auszeichneten, hatte Ferdinand Porsche wegen des Krieges sein Konstruktionsbüro in seine österreichische Heimat nach Gmünd verlegt. Dort entstand ab 1947 auf technischer Basis des Volkswagens das erste Auto unter seinem Namen, der Porsche 356, der den Grundstock zum erfolgreichsten Sportwagenbauer der Welt legte. Doch das ist eine andere Geschichte.

Der Weg zum 1.000.000sten Käfer

4. Der Weg zum 1.000.000sten Käfer

Für das Volkswagenwerk war der 8. Oktober 1949 ein historisches Datum. Im Beisein von CDU-Wirtschaftsminister Ludwig Erhard (1897-1977) unterzeichnete Colonel Charles Radclyffe die Urkunde für die offizielle Übergabe des Werks an die Bundesregierung. Damit konnte die größte deutsche Autofabrik endgültig frei nach den neuen Regeln der sozialen Markwirtschaft agieren. Als neuer Besitzer fungierte die Bundesrepublik Deutschland.

In der Sprache des Motorsports stand VW als Autohersteller in Deutschland damit in der „Pole Position". Es galt einen riesigen Nachholbedarf an neuen Fahrzeugen zu decken. Von den vier Millionen Autos im Reichsgebiet vor Kriegsbeginn, waren in den Nachkriegsjahren noch 300.000 fahrbereit gewesen. In ganz Europa gab es 1947 zwei Millionen Autos weniger als 1938. In der Bizone kam 1949 ein Pkw auf 76,1 Einwohner. Zwar generierte das Vorhandensein einer harten Währung eine so hohe Nachfrage, dass günstige Voraussetzungen für die ganze deutsche Autoindustrie existierten, doch waren bei keinem Hersteller die Rahmenbedingungen für einen Neuanfang so viel versprechend wie bei Volkswagen. Ein Verdienst der Briten – aber auch ein Effekt des Größenwahns der KdF-Bewegung, die derart üppige räumliche Voraussetzungen geschaffen hatte, dass Volkswagen problemlos und quasi unbeschränkt wachsen konnte.

Andere Autobauer in Deutschland hatten eine weniger gute Ausgangsposition. Opel konnte in Rüsselsheim erst im November 1947 mit seiner Nachkriegsproduktion beginnen. Daimler-Benz hatte im Sommer 1948 eine Monatsproduktion von 150 bis 200 Fahrzeugen erreicht. Bei Ford in Köln liefen die Bänder für die Produktion des Taunus erst 1948 an, das Jahr schloss mit der bescheidenen Gesamtproduktion von 571 Autos. Ford und Opel als Tochterunternehmen amerikanischer Konzerne hatten allerdings Vorteile bei der Finanzierung der erforderlichen Investitionen für den Wiederaufbau der Produktionsinfrastruktur und Werke.

Der Vorsprung von Volkswagen resultierte nicht zuletzt daraus, dass der Käfer genau das Auto war, das in die Zeit passte. Es zeichnete sich vor allem durch Zuverlässigkeit, Alltagstauglichkeit und günstige Unterhaltskosten aus. Darüber hinaus hatte VW bereits ein funktionierendes und ausreichend eng-

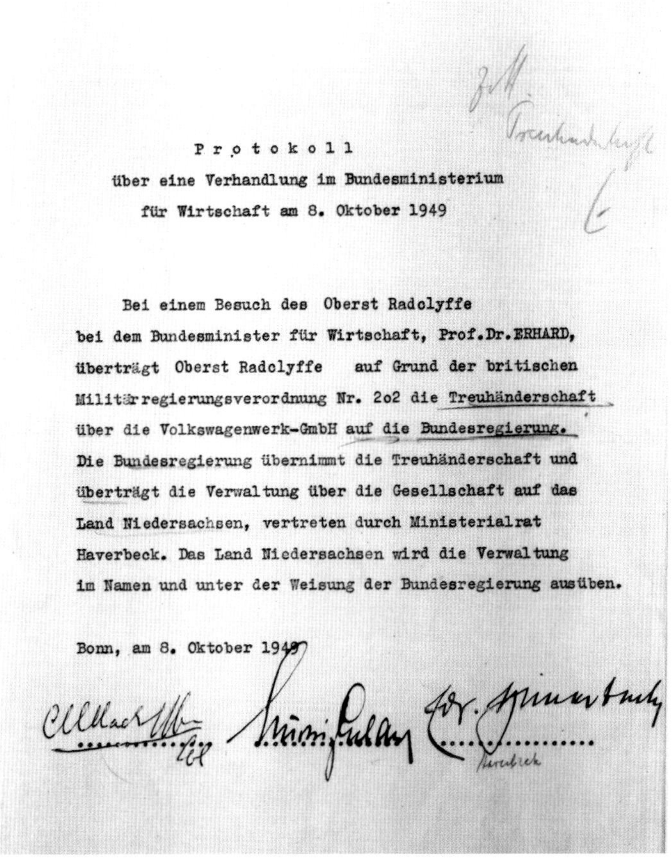

Protokoll
über eine Verhandlung im Bundesministerium
für Wirtschaft am 8. Oktober 1949

Bei einem Besuch des Oberst Radolyffe
bei dem Bundesminister für Wirtschaft, Prof.Dr.ERHARD,
überträgt Oberst Radolyffe auf Grund der britischen
Militärregierungsverordnung Nr. 2o2 die Treuhänderschaft
über die Volkswagenwerk-GmbH auf die Bundesregierung.
Die Bundesregierung übernimmt die Treuhänderschaft und
überträgt die Verwaltung über die Gesellschaft auf das
Land Niedersachsen, vertreten durch Ministerialrat
Haverbeck. Das Land Niedersachsen wird die Verwaltung
im Namen und unter der Weisung der Bundesregierung ausüben.

Bonn, am 8. Oktober 1949

Linke Seite und oben: Drei Männer und ein lediglich einseitiges Protokoll: Colonel Radclyffe unterzeichnete am 8. Oktober 1949 die Übergabe des Volkswagenwerks an die Bundesregierung. Die Vorgabe, dass die Verwaltung der Gesellschaft „im Namen und unter der Weisung der Bundesregierung" auszuüben war, bestätigten Bundeswirtschaftsminister Ludwig Erhard (rechts) und Ministerialrat Edgar Haverbeck.

maschiges Händler- und Servicenetz aufgebaut, denn ohne regelmäßige Wartung lief kein Auto. Die Inspektionsintervalle lagen bei höchstens 5000 Kilometern. Dazwischen verlangten die wesentlichen mechanischen Komponenten, allen voran das Fahrwerk, einen regelmäßigen „Schmierdienst".

Die Wettbewerber von VW begannen ihre Produktion mit Modellen, die sie bereits vor dem Krieg gefertigt hatten. Das bedeutete, dass deren Konstruktionen teilweise bis in die frühen dreißiger Jahre zurückreichten. Das galt natürlich auch für den Käfer. Doch

Auf Initiative des niederländischen Generalimporteurs Ben Pon entwickelt, begann im März 1950 die Produktion des VW Transporters, der in all seinen Varianten zum Symbol der Wirtschaftswunderzeit werden sollte.

Oben: Mission erfüllt: Major Hirst hinterließ ein für zukünftige Aufgaben gut vorbereitetes Automobilwerk mit einem potenziellen Erfolgsmodell. Er selbst ging im Auftrag des britischen Außenministeriums 1955 nach Paris zur Organisation für europäische wirtschaftlichen Zusammenarbeit (OEEC, spätere OECD).

Die Werbung setzte in den 1950er Jahren die Fahrzeuge von Volkswagen, wie hier den T1-Bus, als Motor des Wirtschaftswunders in imageträchtigen, farbigen Bildern um.

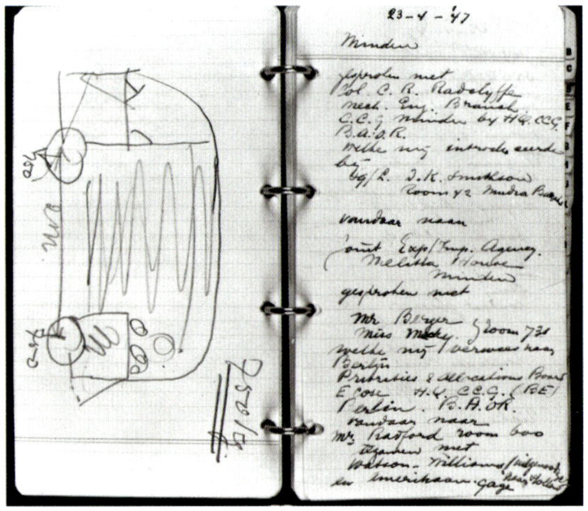

Anlässlich eines Besuches im Werk Anfang 1947 fertigte Ben Pon in seinem Notizbuch erste Skizzen vom neuen Transporter an.

war seine Konzeption vor dem Krieg seiner Zeit voraus gewesen und durch die umfangreichen Erprobungen entsprechend ausgereift. Dank seiner Voraussetzungen und des privilegierten Unternehmensstandards war Volkswagen somit auch für den Aufbau von Fuhrparks nach dem Krieg erste Wahl. Egal ob Polizei, Feuerwehr oder Post, der Käfer wurde für Jahrzehnte die natürliche Fahrzeugwahl aller deutscher Dienststellen und der öffentlichen Organe. Bereits 1950 produzierte Volkswagen 90.038 Autos – nicht ausschließlich Käfer, sondern auch 8059 Transporter. 1947 hatte der designierte Holland-Importeur Ben Pon ein rundliches Transportauto auf Basis des Käfers in sein Notizbuch gekritzelt und die Idee mit Ivan Hirst besprochen. Ein halbes Jahr später lief bereits ein Prototyp und 1949 entstanden die ersten acht jener VW-Busse, die später den liebevollen Spitznamen „Bulli" erhalten sollten. Eine geniale Konstruktion auf Basis des Käfers, die den enormen Bedarf an leichten Transportfahrzeugen bediente konnte, und als Version für den Transport von neun Personen jene Fahrzeuggattung begründete, die später als Minivan reüssierte. Der Bus reifte wie der Käfer zum klassenlosen Klassiker, geliebt vom Hippie wie vom Polizeibeamten. Der Bulli eroberte sich im Laufe der Jahre und Jahrzehnte einen Kultstatus, der dem des Käfers kaum nachstand. Er konnte anlässlich der Feier seines 60-jährigen Jubiläums am 8. Oktober 2007 auf mehr als zehn Millionen gebaute Fahrzeuge zurückblicken.

Freilich waren selbst diese Produktionszahlen von 1950 nur ein Tropfen auf den heißen Stein, um den

Bedarf an individuellen Transportmitteln zu befriedigen. Nach der Aufhebung der Lebensmittelrationierung Anfang 1950 richtete sich das Augenmerk der Menschen neben Wohnraum und Einrichtungsgegenständen auf motorisierte Fahrzeuge.

Für die breite Masse beschränkte sich dieser Wunsch vorerst auf ein Zweirad. Mit einem Ausstoß von fast 300.000 motorisierten Zweirädern pro Jahr war NSU der weltgrößte Hersteller. Von der DKW RT 125 entstanden bis 1959 über 450.000 Einheiten. Horex lieferte die PS-stärkeren Zweiradträume. Die Horex Regina 350 war mit fast 20.000 Einheiten 1953 das erfolgreichste Motorrad seiner Klasse.

Die Technik des Käfers blieb in den ersten Jahren nahezu unverändert. Der Boxermotor mit vier Zylindern verfügte über ein zweiteiliges Kurbelgehäuse aus einer Magnesium-Legierung. Die einzelnen Zylinderlaufbuchsen bestanden aus Grauguss, die Zylinderköpfe aus Leichtmetall. Die Zylinder wiesen ein Bohrung-/Hub-Verhältnis von 74 zu 64 Millimetern auf. Bei einem Hubraum von 1131 cm^3 betrug die Leistung 25 PS bei 3000/min. Der Antrieb der zentralen Nockenwelle erfolgte über Stirnräder, die Betätigung der hängenden Ventile über Stößelstangen und Kipphebel. Die Gemischaufbereitung des 1:5,8 verdich-

Das Interieur der ersten Serienkäfer – wie hier im Export-Modell – fiel eher spartanisch aus. Gegen Aufpreis war anstelle der Uhr ein Radio erhältlich. Der im Heck installierte luftgekühlte Vierzylinder-Boxer lief mit legendärer Zuverlässigkeit. Zugänglichkeit und Wartungsfreundlichkeit waren für die Zeit vorbildlich.

Auf der Internationalen Automobilausstellung 1951 in Frankfurt drehte sich der Käfer im Rampenlicht: Der Wagen war nun auch für Normalsterbliche erreichbar. Die erste IAA nach dem Krieg fand zum ersten Mal in 15 Hallen auf dem Frankfurter Messegelände statt. Das Käfer-Exemplar auf der Drehscheibe hatte vergoldete Stoßstangen und ein Leopardenfell-Interieur – ganz so wie es sich sein neuer Besitzer, der letzte Kaiser von Äthiopien Haile Salassie (1930-1936; 1941-1974) gewünscht hatte.

teten Motors besorgte ein Fallstrom-Vergaser von Solex. In der Druckumlaufschmierung zirkulierten 2,5 Liter Öl, die Lichtmaschine leistete 130 Watt. Das Bordnetz hatte eine Spannung von sechs Volt und die Batterie unterm Rücksitz eine Leistung von 75 Amperestunden.

Das unsynchronisierte Vierganggetriebe mit Differnzial und Hinterachsantrieb war direkt an den Motor geflanscht. Ab 1952 erhielt die Exportausführung ein Getriebe mit einer Synchronisation für die Gangstufen zwei, drei und vier. Für die Verzögerung sorgten vier Trommelbremsen mit 230 Millimetern Durchmesser. Ab Oktober 1949 hatten die Reifen die Dimension 5,00 – 16, ab 1952 5,60 – 16. Der Käfer hatte einen Wendekreis von 11,5 Metern. Sein Leergewicht betrug 720 Kilo, das zulässige Gesamtgewicht 1110 Kilo. Er beschleunigte aus dem Stand in 50 Sekunden auf Tempo 100 und erreichte eine Höchstgeschwindigkeit von 105 km/h. Pro Kilometer benötigte der Volkswagen etwa 7,5 Liter Benzin, der 40-Liter-Tank unter der vorderen Haube ermöglichte somit eine Reichweite von gut 500 Kilometern.

In Zeiten, wo die sechste Generation des VW Golf mit 80 PS in der Basismotorisierung ihre Premiere feiert, sind das keine Leistungsdaten, die einen mit der Zunge schnalzen lassen. 1950 war der Käfer damit jedoch ein modernes, leistungsstarkes Auto und in seinem Preis-/Leistungsverhältnis unschlagbar. Das Exportmodell war für 5450 Mark zu haben. Zum Vergleich: 1950 kostete ein technisch immer noch eng verwandtes Porsche 356 Coupé, 40 PS stark, 10.200 Mark.

In puncto Dimensionen und Leistungsdaten dem Käfer am ähnlichsten war der DKW „Meisterklasse". Dessen Zweizylinder-Zweitaktmotor brachte es auf 23 PS. Der DKW kostete aber 1950 bereits 5830 Mark, rund 1000 Mark mehr als der Standardkäfer. Ein Goliath GP 700 mit 24 PS starkem Zweizylinder-Zweitakter stand im gleichen Jahr sogar für 6420 Mark in der offiziellen Preisliste. Für die Grundversorgung einer vierköpfigen Familie waren im gleichen Jahr statistisch 149 Mark im Monat erforderlich. Und elf Millionen Menschen suchten in Deutschland noch immer eine Wohnung.

So gut sich das Preis-/Leistungsverhältnis für einen Käfer ausnahm, für einen durchschnittlichen Arbeitnehmerhaushalt war ein Volkswagen noch immer unerschwinglich. Nur etwa 30 Prozent der Autos ging 1950 in private Hände. Vornehmlich in die von Beamten oder leitenden Angestellten. Eine Marktlücke für wesentlich preiswertere Fahrzeuge versuchte in den Fünfzigern eine kaum überschaubare Zahl von Kleinstwagenanbietern zu schließen. In den meisten Fällen ersetzte technisches Können und Begeisterung der Verantwortlichen das erforderliche Kapital, das für den Aufbau einer leistungsfähigen Produktion erforderlich gewesen wäre. Von professionellen Verkaufsstrategien und einem funktionierenden Händlernetz ganz abgesehen.

Die Formel „klein = günstig" ging jedoch genauso wenig auf wie vor dem Krieg, wie etwa der selige Framo Stromer bereits 1933 bewiesen hatte. Trotzdem versuchten junge Konstrukteure wie Fritz M. Fend (1920-2000) aus Rosenheim am Konzept eines solchen Minimalautos anzuknüpfen. So kostete 1950 sein „Fend Flitzer" mit drei Schubkarrenrädern nur 1285 Mark. Der Kabinenroller mit einem Sitz kam dank 2,5 PS mit Rückenwind maximal auf optimistische 60 km/h und bot so wenig Auto, dass nur 98 Stück entstanden. Auch das Nachfolgemodell schaffte nur 154 Einheiten und begrub damit

An Konzepten für Kleinwagen mangelte es in der Nachkriegszeit nicht, einzig der Erfolg blieb diesen Fahrzeuge versagt. Das mussten Hersteller wie Champion, mit dem hier gezeigten Modell 400, oder auch Zündapp mit dem Modell Janus schmerzhaft realisieren.

eine von vielen Geschäftsideen, mit einem Kleinstwagen Erfolg zu haben.

Immerhin konnte Fritz Fend Willy Messerschmitt (1898-1978) für das Konzept des Kabinenrollers begeistern. Messerschmitt, der geniale Flugzeugkonstrukteur, war nach dem Krieg gezwungen, sich Kleinstwagen zuzuwenden, statt Flugzeuge zu fertigen. Mit wesentlich mehr Kapital aufgezogen, fiel sein Messerschmitt KR 175 „Kabinenroller" deutlich professioneller als dessen Fend-Vorfahr aus. Hier schoben neun PS zwei demütig zusammengekauerte Erwachsene unter einer gläsernen Plexiglaskuppel („Menschen in Aspik" tönte der Volksmund) mit autobahnfesten 75 km/h über die Piste. Doch 2470 Mark waren 1954 für diesen Kleinstwagen nicht wirklich billig, denn er bot nicht einmal den Gegenwert eines halben Käfers, dessen Preis zum 1. Januar 1953 auf 4400 Mark für den Standard und 4700 Mark für die Exportlimousine gesenkt worden war. Rund 65.000 Kabinenroller – damit einer der erfolgreichsten deutschen Kleinstwagen – entstanden bis 1964.

Exzentrische Konstruktionen, wie die von Fuldamobil, Kroboth, Meyra oder von Champion hatten auf dem Markt gar keine Chancen, ebenso wenig der charmante Kleinschnittger, der keinen Rückwärtsgang benötigte, weil sich die leichte Karosse des Roadsters einfach anheben und in die Parklücke schieben ließ. Autos wie der Kabinenroller von Ernst Heinkel, immerhin rund 22.000 mal bis Ende der Fünfziger vom Band gerollt, erzielten wenigstens Achtungserfolge, waren aber mit 2750 Mark, für das was sie boten – 9,3 PS, das Platzangebot einer Waschmaschine und die Straßenlage einer Murmel – viel zu teuer. Andere Kleinwagenprojekte kamen zu spät auf den Markt und wurden dafür durch das immer besser werdende Leben im Wirtschaftswunder bestraft. Der Zündapp Janus beispielsweise, in dem die Passagiere Platz sparend Rücken an Rücken saßen, wurde von einem dazwischen liegenden Zweitaktmotor mit 14 PS befeuert. Dieser automobile Minimalismus war 1957 und 1958 nur 6900 Kunden 3290 Mark wert. Wozu sich 42 Mark für die Wahl der optionalen Heizung addierten. Zum Vergleich: 1958 baute Volkswagen 553.309 Autos.

Nicht zuletzt scheiterte BMW an der Fahrzeuggattung Kleinstwagen. Der Plan, mit der „Isetta" auf Dauer breite Schichten von Automobilisten zu erschließen, ging nicht auf. Die Münchner hatten 1954 den 2285 Millimeter langen Zweisitzer mit vier kleinen Rädern, differenzialloser Hinterachse und 12 PS starkem Einzylinder samt Presswerkzeugen für die kugelige Karosserie als produktionsfertige Komplettentwicklung in Lizenz von der italienischen Firma Iso erworben.

Deren Gründer Renzo Rivolta (1908-1966), Spross einer italienischen Industriedynastie, hatte

BMW hatte – gemessen an der Konkurrenz – mit der Isetta ein sehr erfolgreiches Modell im Segment der Klein- und Kleistwagen positioniert. Zwischen der Präsentation am 5. März 1954 in Rottach-Egern am Tegernsee und Produktionsende 1962 entstanden immerhin über 160.000 Einheiten des im Volksmund liebevoll „Knutschkugel" genannten Motocoupés.

Werbezeitgeist der Fünfziger am Beispiel der deutschen Autoikone BMW 507, von der zwischen 1956 und 1959 nur 252 Exemplare gebaut wurden.

nach dem Zweiten Weltkrieg die Produktion seines Unternehmens auf Kühlschränke, Motorräder und Motorroller umgestellt und wollte mit der Isetta in die Autoproduktion einsteigen. Vom Erlös der Isetta-Lizenzen wandte er sich dann der Herstellung exklusiver Sportwagen mit amerikanischen Achtzylindern zu, die sich unter dem Markennamen Iso Rivolta zeitweise als ernsthafte Konkurrenz zu Ferrari, Lamborghini, Maserati oder Bizzarrini etablieren konnten.

BMW brachte der kugelrunde Kleinwagen kein Glück. Zwar konnten bis 1962 zum Produktionsende über 160.000 „Isetten" gebaut werden. Doch gegen einen Käfer bot das automobile Unikum, trotz italienischer Gene, nicht genügend Charme, was der Grundpreis von 2580 Mark für das Grundmodell Isetta 250 von 1955 unterstreicht. BMW geriet mit seinem unausgewogenen Modellmix von Kleinstmobilen und Prachtwagen so sehr in Schieflage, dass das Unternehmen beinahe von der Daimler-Benz AG übernommen worden wäre. Nur die Loyalität der Aktionäre und das Modell 1500 sicherten BMW die Unabhängigkeit. Dieser BMW 1500 darf auch deshalb an dieser Stelle eine nähere Erwähnung finden, weil er im sechsten Kapitel die ersten Probleme des Käfers offen legt.

Die Qualität des Volkswagens hatte sich schnell jenseits der deutschen Grenzen herum gesprochen. Auf der Frühjahrsmesse 1948 in Hannover konnten Exportverträge über mehr als 20.000 Autos abgeschlossen werden. Die Auslieferung verzögerte sich jedoch bis in das nächste Jahr. Das lag nicht nur an Produktionsengpässen, sondern an den Zulassungsformalitäten für die Exportgeschäfte, die in jener Zeit nur in Dollar möglich waren. Der nach der Währungsreform festgelegte Wechselkurs von 30 Cent für eine DM war so ungünstig, dass Exporte zu teuer und damit wenig attraktiv wurden. Als erste Exportmärkte etablierten sich Holland, Belgien und die Schweiz.

Die Beschränkungen, denen das Exportgeschäft unterworfen war, lockerten sich jedoch schnell. 1949 gingen bereits 7000 Käfer ins Ausland, 1950 mehr als 29.000, mithin mehr als ein Drittel der Produktion. Auf der Weltkarte hatte der Käfer bereits 18 Nationen erobert. Darunter Norwegen, Finnland, Irland und Portugal in Europa. Auf dem afrikanischen Kontinent gingen Volkswagen nun nach Ägypten, Äthiopien und Belgisch Kongo. Südamerikanische Importeure fanden sich in Brasilien und Uruguay. 330 Käfer waren sogar in den Vereinigten Staaten gelandet. Noch ein Jahr zuvor hatten sich Fachleute gegen den „hässlichen Käfer" aus Deutschland ausgesprochen. Im gleichen Jahr waren auf dem Genfer Automobilsalon zum ersten Mal nach dem Krieg auch wieder deutsche Unternehmen vertreten.

Die Verantwortlichen bei Volkswagen griffen früh die Idee Ferdinand Porsches auf, als zweite Karosserieversion des Volkswagens ein Cabrio aufzulegen. Für den Bau des offenen Wagens bot sich der Karosseriespezialist Hebmüller an. Das Karosseriewerk „Joseph Hebmüller Söhne" war bereits 1889 in Wülfrath bei Wuppertal gegründet worden. 1948 hatte Hebmüller drei Prototypen einer zweisitzigen Cabrioversion auf Basis des Käfers gebaut. Sie ver-

Der Käfer zog in den Fünfzigern in die weite Welt: von Mexiko …

… bis in den letzten Winkel des „Schwarzen Kontinents".

Besonders gelungen präsentierte sich die zweisitzige Cabrioversion des Wülfrather Herstellers Hebmüller. Von ursprünglich 2000 geplanten Exemplaren entstanden lediglich 696. Der Kaufpreis belief sich damals auf zuletzt 6950 Mark. Ein perfekt erhaltenes Hebmüller Cabrio kostet heutzutage jenseits der 60.000 Euro.

fügten über ein voll versenkbares Verdeck und zeichneten sich durch ein wohlproportioniertes, langgezogenes Heck aus. Trotz eines hohen Preises von 7500 Mark bestellte Volkswagen kurz darauf 2000 Exemplare. 1950 konnte der Preis auf 6950 Mark gesenkt werden. Dafür gab es eine gehobene Ausstattung und eine wunderschöne, elegante Zweifarblackierung in schwarz/rot oder schwarz/elfenbein. Statt der geplanten 2000 lieferte Hebmüller nur 696 Exemplare, da ein Großbrand die Produktionseinrichtungen zwischenzeitlich zerstört hatte. Aufgrund der daraus resultierenden Verschlechterung der wirtschaftlichen Situation musste Hebmüller im Mai 1952 Vergleich beantragen und den Betrieb einstellen.

Praktisch gleichzeitig mit dem zweisitzigen Cabriolet griff Volkswagen auch die Idee des viersitzigen Cabriolets wieder auf, das Ferdinand Porsche bereits für die erste Prototypenserie entwickelt hatte. Auch diese Version wollte Volkswagen nicht selbst produzieren, sondern von einem Partner fertigen lassen. Die Wahl fiel auf die Wilhelm Karmann GmbH in Osnabrück.

1901 hatte Wilhelm Karmann (1871-1952) eine Fabrik für Pferdewagen übernommen und mit Auftragsarbeiten für Adler, Dürkopp und DKW begonnen. In den Zwanzigern hatte Karmann auf ausgedehnten Reisen durch die USA die dortigen Fertigungsmethoden der Automobilindustrie studiert und begonnen, diese Erkenntnisse in seiner eigenen Fahrzeugfertigung umzusetzen. Bereits im November 1946 hatte Karmann die 10.000ste Limousine des Käfers erhalten, um auf dessen Basis das Cabriolet zu entwickeln. Das Projekt nahm jedoch wegen der wirtschaftlichen Probleme in der unmittelbaren Nachkriegszeit nur schleppend Gestalt an und kam erst nach der Währungsreform 1948 in Schwung. 1949 war eine Vorserie von 25 Autos fertig, die ausgiebigen Tests unterzogen wurden. Die Ergebnisse überzeugten, sodass noch im August 1000 Fahrzeuge bestellt wurden. Neben den offenen Zweisitzern von Hebmüller.

Zur Markteinführung lag der Verkaufspreis bei 7500 Mark, wie für den Hebmüller. Anfang April 1950 hatte Karmann bereits das 1000ste Cabrio gebaut und einen Anschlussauftrag für 2000 weitere Autos erhalten. Die Partnerschaft mit Karmann wurde die engste in der Geschichte von Volkswagen, das Käfer Cabrio ein Dauerrenner, der alle technischen Weiterentwicklungen der Limousine bis zur Produktionseinstellung am 10. Januar 1980 erhielt. Bis zu diesem Zeitpunkt waren 330.281 Cabrios entstanden und der offene Käfer fand Eingang als das meist gebaute Cabriolet der Autogeschichte.

Die erfreuliche Entwicklung bei den Produktionszahlen schaffte bei Volkswagen auch neue Probleme. Die Instandsetzung der Gebäude konnte nur mühsam Schritt halten und die Beschaffung neuer Maschinen gestaltete sich schwierig. Bereits vor dem Krieg vermochten nur amerikanische Automobilhersteller die enorme Leistungsfähigkeit von Fertigungsmaschinen im Fahrzeug-Großserienbau in einer Größenordnung zu nutzen, wie sie außerhalb der Vereinigten Staaten nur Volkswagen vor dem Krieg geplant hatte und sie nun praktizierte. Doch der Kauf solcher Maschinen in den USA erforderte knappe Devisen.

Dann beeinflusste 1950 die Weltpolitik den wirtschaftlichen Aufschwung im Allgemeinen und den von Fahrzeugherstellern wie Volkswagen im Besonderen. In Asien, wo die Waffen noch keine fünf Jahre nach dem Zweiten Weltkrieg geschwiegen hatten, zeichnete sich die nächste große militärische Auseinandersetzung ab, der nicht viel fehlte, um zu einem Dritten Weltkrieg auszuarten, weil hier erstmals die beiden Blöcke des Kalten in einem heißen Krieg aufeinander trafen. Am 25. Juni 1950 attackierten Truppen der Demokratischen Republik Nordkorea und der Volksrepublik China die Repu-

In Technik und Ausstattung entsprach das Cabrio der jeweiligen Export-Version der Limousine.

Der Karosseriebauspezialist Karmann kreierte die viersitzige Cabrio-Version. Ab September 1949 rollten aus den Fertigungshallen in Osnabrück offene Käfer mit einem Hauch von Glamour, besonders in einer zweifarbigen Lackierung. Das Präsentationsmodell von 1949 weist noch das große VW-Zeichen auf den Radkappen auf.

Noch bis 1953 sollte das Brezelfenster das markante Erkennungsmerkmal des Wolfsburger Erfolgsmodells sein. Erst mit der neuen Modellgeneration kamen die Fahrer in den Genuss einer besseren Heckaussicht. Bis dahin hatten sich bereits 400.000 Käufer für einen Käfer entschieden.

blik Korea (Südkorea), denen sich unterlegene amerikanische Verbände und erstmals in der Geschichte Kontingente von UNO-Truppen entgegen stellten. Die Rote Armee der Sowjetunion griff nicht aktiv in die Auseinandersetzung ein. Russland unterstützte die kommunistische Seite jedoch mit Waffen und Kampfpiloten, die in chinesischen Uniformen Einsätze flogen.

Der Koreakrieg wurde von Beginn an mit unglaublicher Härte und riesigen Truppenkontingenten geführt. Nordkorea und China brachten für ihre Offensiven jeweils mehr als 500.000 Mann in Stellung. Die Amerikaner setzten dem die Überlegenheit ihres technischen Materials entgegen. Die Anstrengungen für dessen Fertigung wirkten sich unmittelbar auf die Rohstoffe aus, deren Verknappung nicht zuletzt auch Volkswagen zu spüren bekam. Die Lieferengpässe nahmen Ausmaße an, wie sie zwischen dem Ende des Kriegs und der Währungsreform geherrscht hatten. Außerdem verteuerten sich die wenigen Rohstoffe, die auf dem Weltmarkt zu haben waren, empfindlich. Lieferfristen für Stahl verlängerten sich im Sommer 1950 auf sechs bis sieben Monate, im September bereits auf neun bis zehn Monate. Heinrich Nordhoff entschied in dieser Situation, dass dem Kauf von Stahl und Blechen absoluter Vorrang vor Produktverbesserungen und Modellpflegemaßnahmen galt. Denn die betriebsinterne Kalkulation hatte ergeben, dass 1951 die Rentabilitätsgrenze für Volkswagen bei 105.000 Einheiten liegen würde. Und diese Produktionszahl musste unter allen Umständen erreicht werden.

Des einen Leid, des anderen Freud': Wo der Koreakrieg in Deutschland die Entwicklung der Autoproduktion bremste, schob er sie auf der anderen Seite der Welt überhaupt erst an. Nach dem Zweiten Weltkrieg klang der Begriff „japanische Autoindustrie" so absurd und exotisch wie heute etwa „somalische Weltraumforschung". „Nippon", wie die wörtliche

Der Käfer erobert die Welt: Im Jahr 1947 nehmen die zum niederländischen VW-Generalimporteur ernannten Gebrüder Pon in Amersfort die ersten 56 Exemplare in Empfang. Sechs Jahre später stehen bereits 86 Ländern auf der Exportliste. Zu diesen Ländern zählt auch Norwegen, wo 1956 der hier gezeigte 10.000ste Käfer erwartet wurde. Diese Rekordmarke hatten die Niederländer bereits drei Jahre zuvor gefeiert.

Übersetzung von „Land der aufgehenden Sonne" lautet, lag am 14. August 1945, als die überraschten Bürger erstmals die Stimme ihres Kaisers im Radio vernahmen, der ihnen mit dem Euphemismus „die Kriegslage hat sich nicht unbedingt zu Japans Vorteil entwickelt" die totale Niederlage vermitteln wollte, noch zerstörter am Boden als das mittlerweile verbündete ehemalige Dritte Reich. Da die Amerikaner den kriegsauslösenden Überfall auf ihren pazifischen Flottenstützpunkt in Pearl Harbour am 7. Dezember 1941 als besonders feige und verwerfliche Tat erachteten, sahen sie nach dem Krieg auch keinen Anlass, Asien und vor allem den Japanern mit einem Äquivalent des Marshallplans auf die Beine zu helfen. Erst „Hanguk-jeonijang", so die Übersetzung der formellen Bezeichnung „Koreakrieg", rückte Japan in das Zentrum amerikanischen Interesses als nahe gelegene Basis und als Produktionsstandort für die erforderlichen Rüstungsgüter. Wie sehr die Wirtschaft Japans noch 1950 am Boden lag, lässt sich mit einer einzigen Zahl illustrieren: In jenem Jahr entstanden genau 1594 Personenwagen.

Der Koreakrieg dauerte bis zum 27. Juli 1953 und kostete rund 6,5 Millionen Menschen das Leben oder die Gesundheit. In Japan lieferte er die Initialzündung für ein Wirtschaftswunder, das die gleiche Dynamik wie in Deutschland entwickelte.

Links: Autobau Anfang der 1950er Jahre: Die meisten Produktionsschritte sind geprägt von Handarbeit, wie auch hier in der Karosseriefertigung. Die Produktion in den frühen Fünfzigern inspirierte bereits die professionelle Fotografie: Das Symbolprodukt des Wirtschaftswunders erzeugte eine eigene Ästhetik.

Oben rechts: Erst Ende der 1950er Jahre kam auch die Fahrzeugfertigung in Japan in Schwung. Toyota entwickelte die Fließbandproduktion weiter, indem Japans größter Autohersteller seine Zulieferer rund um die Werke ansiedelte, die ihre Teile „just in time“ ohne Lagerhaltung ans Band lieferten.

Freilich unter ganz anderen Voraussetzungen. Während Ludwig Erhard als Wirtschaftsminister mit seinem Konzept der sozialen Marktwirtschaft das deutsche Wirtschaftswunder gestaltete, kennen Japaner die Behörde „tsusho-sngyo-sho“, das „Ministery of International Trade and Industrie“ (MITI), 1949 gegründet, als Architekt ihres Wirtschaftswunders. Im Gegensatz zur sozialen Marktwirtschaft in Deutschland und der freien in Amerika beschritt das MITI den Weg einer gelenkten Marktwirtschaft.

Da es seit jeher ein bestimmendes Element der japanischen Kultur und Geschichte ist, überall dort im Ausland Impulse zu suchen, wo nachgewiesene Kompetenz herrscht, die dem entsprechenden Standard in Japan überlegen ist, sammelte das MITI auch für den Aufbau der japanischen Autoindustrie erfolgreiche Konzepte aus anderen Ländern. Als besonders vorbildhaft für den japanischen Weg erschien dem MITI in den frühen Fünfzigern Volkswagen mit dem Käfer. Mit dessen Konzept eines kompakten, preiswerten Wagens, der sich in hohen Stückzahlen fertigen und dessen Lizenzen sich eventuell erwerben ließen, sollte nach Willen des MITI auch die japanische Autoindustrie genesen.

Ein möglicher Siegeszug des Käfers in Japan scheiterte jedoch an der traditionsbewussten Einstellung des einflussreichen Toyota-Chefs Eiji Toyoda (1913-1994). Der Neffe des Konzerngründers Sakichi Toyoda (1867-1930) widersetzte sich den Plänen der japanischen Ministerialbürokratie – ganz im Sinne der Familientradition „Fortschritte aus eigener Kraft und ohne fremde Hilfe zu erzielen“. So gelangten nur einzelne Import-Käfer für exzentrische Japaner, als gesellschaftlich legitimierter Ausdruck von Individualität, über einen privaten Importeur auf die stets überfüllten Straßen des vulkanischen Archipels.

Die Haltung des MITI, vom Lizenzerwerb des Käfers nach der Ablehnung des Konzepts durch Toyota abzusehen, schadete dem Volkswagen jedoch nicht. Da dem japanischen Nein zum Käfer eine protektionistische Note anhaftete, verringerte die Einstellung des MITI die Exportchancen japanischer Autos für den amerikanischen Markt. Da die einheimischen Hersteller in den USA die Segmente der unteren Fahrzeugklassen gar nicht bedienten, konnte der Käfer im Land der unbegrenzten Möglichkeiten in eine konkurrenzfreie Lücke stoßen.

Trotz der Engpässe bei Materiallieferungen erreichte Volkswagen zum Jahresende 1951 das selbstgesteckte Produktionsziel von 105.000 Einheiten und übertraf es um genau 712 Autos. 35.742 davon traten nach der Produktion erst einmal eine Reise in bereits 29 fremde Länder an. Nun war der Käfer auch in Spanien, Italien und Frankreich verfügbar. Er eroberte die Straßen der Türkei, in Rhodesien, Spanisch-Marokko, Südafrika, Chile, Argentinien und Peru.

Der Erfolg und die wachsende Nachfrage des Volkswagens brachte die Einrichtung neuer Arbeitsplätze in Schwung. Die Bemühungen der Werksleitung um den Aufbau einer umfassenden Handels- und Serviceorganisation schlugen sich Ende 1951 in eindrucksvollen Zahlen nieder. Das Netz der Deutschen VW-Händler und -werkstätten umfasste 729 Betriebe mit mehr als 11.000 Arbeitsplätzen.

Während 1952 der Koreakrieg mit unverminderter Härte tobte, regulierte sich die Nachfrage nach Rohstoffen. Die Bundesrepublik, Frankreich, die drei Beneluxstaaten und Italien schlossen einen Vertrag über eine „Europäische Gemeinschaft für Kohle und Stahl“. Diese sogenannte Montanunion wurde zum Vorläufer der „Europäischen Wirtschaftsgemeinschaft“ (EWG) und der „Europäischen Gemeinschaft“ EG. Mit 123,3 Millionen Tonnen Kohle und 15,8 Millionen Tonnen Stahl produzierte die Bundesrepublik bereits mehr als 50 Prozent dieser wichtigen Rohstoffe innerhalb der Montanunion.

Oben rechts: Frühe Crashtests vermittelten noch einen eher improvisierten Eindruck.

Oben links: Die Modellpflege-Maßnahmen ab Oktober 1952 betrafen vor allem das Interieur des Käfers: Das vollständig neu gestaltete Armaturenbrett mit neuem Handschuhfach und mit einem zentralen Instrument, das Tacho und Kilometerzähler beherbergte, war nur eine der vielen Änderungen.

Der Modelljahrgang 1952 hatte nicht nur Ausstellfenster in beiden Türen, sondern auch eine neue Kennzeichenleuchte und ovale Rückleuchten mit herzchenförmigen Aufsätzen sowie einen Doppelgriff an der Motorhaube.

Alles eine Frage der Größe: die offizielle Maßzeichnung für die erste Generation des Typ 1 nach dem Krieg.

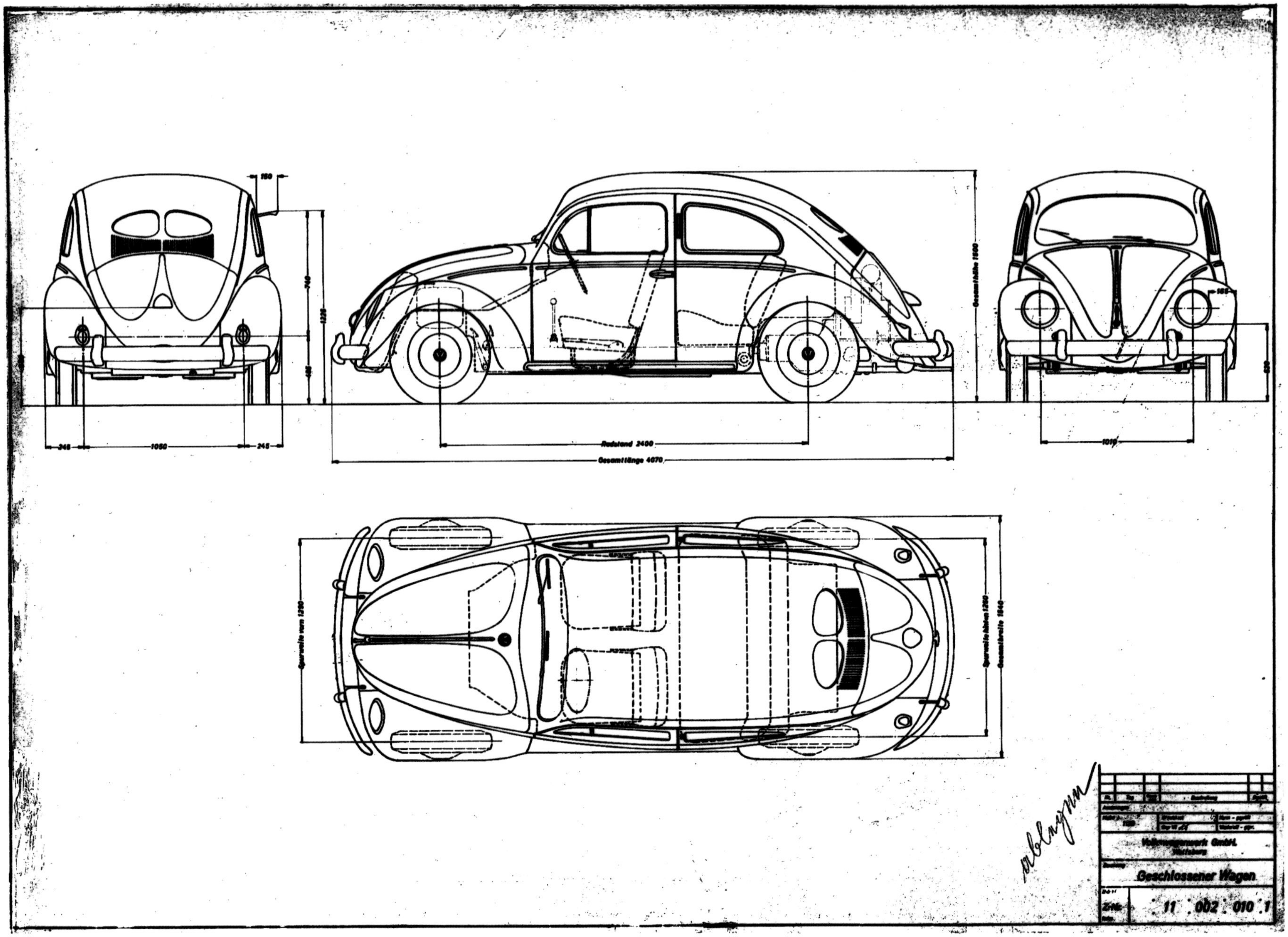

Vor diesem Hintergrund konnte Volkswagen erstmals eine wirkliche Massenfertigung des Käfers ins Auge fassen. Und zwar in jenen Dimensionen, für die das Werk ursprünglich konzipiert war. Überdies war es unumgänglich geworden, den Käfer zum ersten Mal gründlich zu überarbeiten und zu verbessern. Fast alle Modellpflegemaßnahmen hatten sich bislang auf kosmetische Korrekturen beschränkt, sieht man einmal von den im April 1951 eingeführten Teleskopstoßdämpfern an der Hinterachse, der verbesserten Heizung oder einem Kunststoffzahnrad für die Nockenwellensteuerung ab.

Im Oktober 1952 flossen somit erstmals umfassende Verbesserungen ein. Der Export-Käfer erhielt das synchronisierte Getriebe und 15-Zoll-Räder. Alle Modelle kamen in den Genuss eines neuen Vergasers und eines überarbeiteten Fahrwerks mit längeren Federwegen für einen besseren Komfort. Die Dreiecksfenster auf der Fahrer- und Beifahrerseite ließen sich zum Öffnen nach außen stellen. Das Armaturenbrett erhielt eine neue Gestaltung, die Be-

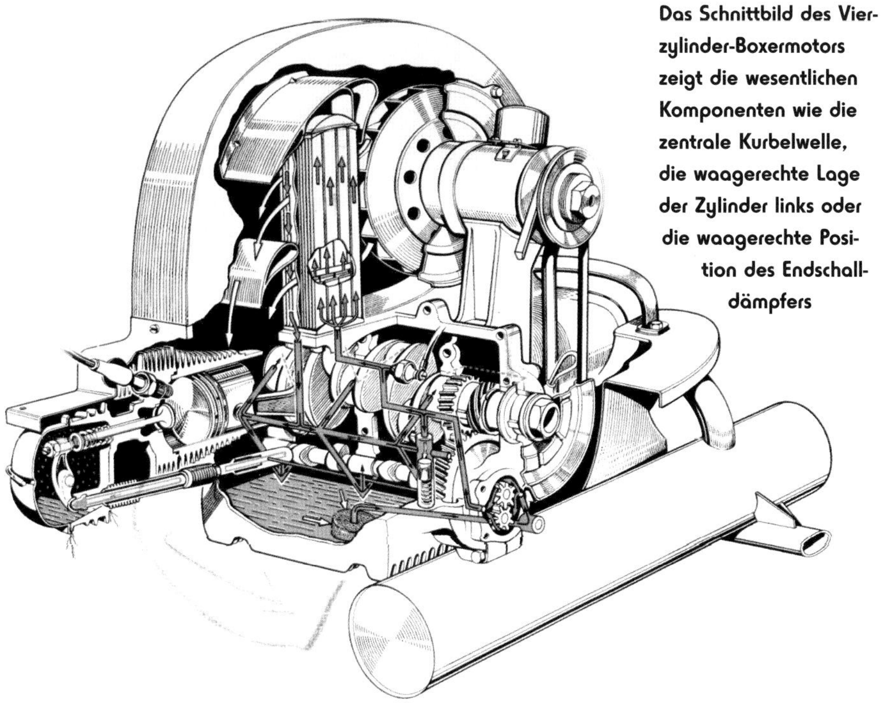

Das Schnittbild des Vierzylinder-Boxermotors zeigt die wesentlichen Komponenten wie die zentrale Kurbelwelle, die waagerechte Lage der Zylinder links oder die waagerechte Position des Endschalldämpfers

Aufgrund der großen Nachfrage entstand im Werk Hannover eine neue Fertigungsstraße für Motoren. Ab 15. Juni 1959 wechselte die Produktion des 30-PS-Typ-1-Motors ins neue Werk.

dienelemente für Heizung oder Scheibenwischer wurden größer und ergonomisch sinnvoller platziert.

Ein Wechsel in der Leitung der technischen Entwicklung bei Volkswagen sorgte für die erforderlichen Impulse. Ludwig Boehmer, von Opel gekommen, setzte die technischen Verbesserungen mit Nachdruck durch und zeigte großes Interesse an weiteren Partnerschaften, die Volkswagen neue Märkte erschließen und Modellderivate auf Käfer-Basis bringen sollten. Boehmer hatte persönliche Freundschaft mit Luigi Segre, dem damaligen Chef von Ghia geschlossen. Giacinto Ghia (1887-1944) hatte 1915 die „Carrozzeria Ghia" gegründet. Wie Farina, Bertone, Maggiore, Vignale, Zagato, Scaglietti oder Touring gehörte Ghia zu dem Kreis der italienischen Karosserieschmieden, die wie niemand sonst bei Gestaltung und Bau von Autos gestalterische Meisterschaft mit unvergleichlicher Handwerkskunst zu kombinieren verstanden. Besonders nach dem Zweiten Weltkrieg, in den Fünfzigern, gelang es diesen Manufakturen, atemberaubende Entwürfe zu zeichnen und in Einzelstücken zu fertigen. Nur italienische Feinblechner beherrschten zu jener Zeit die Kunst, Blechtafeln auf einem Ledersack und Holzblock mittels Hammer in automobile Skulpturen zu verwandeln. Diese Kunstfertigkeit nutzten unter anderem Hersteller von Hochleistungssportwagen und Luxusfahrzeugen wie Enzo Ferrari (1898-1988), um ihren Kunden exklusive Einzelanfertigungen anbieten zu können. Dabei beliefen sich die Kosten für ein solches Karosserieunikat auf rund 2500 Dollar – den Wert einer Mittelklasselimousine von Chevrolet.

Boehmer beauftragte 1953 Segre mit dem Bau eines eleganten Coupés auf der technischen Basis des Käfers als Prototyp. Vor allem der amerikanische Markt sollte mit einem derartigen Auto erobert werden.

Dieses Kalkül hatte zeitgleich auch Battista „Pinin" Farina (1893-1966) entwickelt. Dem exzentrischen italienischen Designer und Karosseriebauer hatte es gefallen, seiner Kleinwüchsigkeit ein Denkmal zu setzen, in dem er ein Staatsdekret erwirkte, das es ihm erlaubte, seinen Spitznamen, den italienischen Begriff „Pinin" für Zwerg, offiziell in seinen Namen zu integrieren. Er gehörte mit seiner 1930 gegründeten „Carrozzeria Pinin Farina" in den Fünfzigern zu den Großen der Branche mit eigenen, industriellen Fertigungsanlagen. Farina wollte bei seinem Projekt die Linie des Cabrios von Hebmüller weiterführen und fragte in Wolfsburg nach einer Lieferung von 10.000 motorisierten Chassis. Produktions- und Liefersituation bei Volkswagen verhinderten jedoch das Zustandekommen eines Pinin Farina-Volkswagens.

Das Ghia-Projekt war von einer typischen italienischen Chuzpe begleitet. Luigi Segre war kaufmännischer Leiter bei Ghia und hatte mit der Gestaltung von Fahrzeugen nichts zu tun, was ihn nicht daran hinderte, nach dem einsetzenden Erfolg des Coupés einen entscheidenden Anteil an der Formgebung für sich zu beanspruchen. Gezeichnet hatten das Auto vielmehr der Ghia-Mitarbeiter Felice Mario Boano und sein Sohn Gian Paolo. Doch dessen Linie war letztendlich auch nicht auf dem Mist der Italiener gewachsen. Sie stammte von einem Prototyp, den Ghia zuvor für den US-Hersteller Chrysler nach Ent-

Der Karmann Ghia, Typ 14, erschien 1955. Coupé und Cabrio aus der Fertigung des Karosseriespezialisten in Osnabrück wurden ein riesiger Erfolg. Trotz oder gerade wegen der einfachen Käfer-Technik. Und natürlich wegen der atemberaubenden Optik.

würfen von deren Chefdesigner Virgil Exner gebaut hatte, dem somit – streng genommen – das Lob für den Karmann-Ghia gebührt.

Die etwas verworrene Urheberschaft änderte jedoch nichts an der Tatsache, dass da der Traumwagen unter den Käfern entstanden war, was insgesamt 443.000 produzierte Karmann-Ghia-Modelle, darunter 81.000 Cabriolets, bis 1973 unterstrichen. Als Basis fungierte das 1954 vorgestellte Exportmodell des VW 1200. Dessen auf 1192 Kubikzentimeter Hubraum erweiterter Vierzylinder-Boxer leistete nunmehr 30 PS. Einen halben Liter Mehrverbrauch auf 100 Kilometer (8 Liter) verschmerzten die Kunden, weil der Käfer spürbar an Dynamik gewonnen hatte. Der Spurt aus dem Stand auf Tempo 100 gelang nun in 38 Sekunden, die Höchstgeschwindigkeit erreichte 112 km/h, die dank der bekannten Vollgasfestigkeit des Motors auch ohne Reue genossen werden konnte.

Der Karmann-Ghia brach von der ersten Stunde an die Herzen der stolzesten Frau‘n. Das Kalkül, dass besonders die Amerikaner das kleine schlanke Coupé lieben würden, dessen Eleganz sich eher an den zeitlosen Chic italienischer Sportwagen anlehnte als an die Formensprache des eher teutonischen Rundlings Porsche 356, ging auf. Zwar fehlten dem Karmann-Ghia 14 PS auf ein Porsche 1300 Coupé von 1953, doch die ließen sich ange-

Wirtschaftswunderzeit: Die Produktion läuft auf vollen Touren.

Heinrich Nordhoff und seine gesamte Belegschaft: Mitte der 1950er Jahre dokumentierte kein anderes deutsches Unternehmen mehr Selbstbewusstsein. Im Jahr 1955 wird die Jahresproduktion auf 280.000 Fahrzeuge gesteigert, die durchschnittliche Tagesproduktion übersteigt erstmals 1000 Fahrzeuge.

sichts des Preises von 6990 Mark gegenüber den 13.500 Mark für den Porsche leicht verschmerzen.

Mit dem Karmann-Ghia hatte Volkswagen quasi eine eigene Abteilung für Glanz und Glamour des Käfers geschaffen. Diese Werte zählte der originale Käfer nicht wirklich zu seiner Kernkompetenz, was aber dem hohen Stellenwert, den das Auto bei seinen Besitzern genoss, in keiner Weise abträglich war. Der Käfer tat nämlich in der Regel das, was ihm später unsterblichen Ruhm in der Werbung eintragen sollte. Er lief und lief und lief. Immer mehr Fahrzeuge erreichten Laufleistungen von 100.000 Kilometern, was für Autos jener Epoche eine herausragende Ausnahme darstellte.

Wer nachweisen konnte, dass er 100.000 Kilometer ohne Motorreparatur mit einem Käfer zurückgelegt hatte, erhielt vom Hersteller eine vergoldete Armbanduhr, auf deren Rückseite eine Gravur diese Leistung verewigte. Der Besitzer des Fahrzeugs, wenn er nicht gleichzeitig der Fahrer des Autos war, erhielt eine goldene Anstecknadel. In den folgenden Jahren wurde eine störungsfreie Fahrleistung von 100.000 Kilometern mit einem Käfer so selbstverständlich, dass VW 1961 den schönen Brauch mit der Belohnung durch Armbanduhren aus Kostengründen abschaffte.

Die Verantwortlichen bei Volkswagen entwickelten früh ein Gespür für den Stolz ihrer Kunden auf ihr Auto und förderten entsprechende Maßnahmen zur Kundenbindung. Sie initiierten beispielsweise ein eigenes Magazin, das regelmäßig über alle Belange und Aspekte der Marke und ihrer Produkte berichtete. Die Zeitschrift mit dem Titel „Gute Fahrt" erschien erstmals 1950 in einer Auflage von 30.000 Exemplaren, 32 Seiten stark, zu einem Preis von 50 Pfennig, und führt diese Tradition bis zum heutigen Tag fort.

Am 6. und 7. September 1953 organisierte das Magazin das erste 100.000er-Treffen in Eberbach im Odenwald. 2000 Teilnehmer kamen, davon mehr als 1200, die nachweislich mehr als 100.000 Kilometer zurückgelegt hatten. Star des Treffens war der dritte Käfer aus Ferdinand Porsches erster Prototypenserie, den er bis Kriegsende als persönlichen Dienstwagen genutzt hatte und der es zum Zeitpunkt des Treffens mit einem Austauschmotor auf 485.000 Kilometer gebracht hatte. VW kaufte den Wagen, der den Grundstock für eine künftige Sammlung historischer Fahrzeuge bilden sollte.

Das zweite Treffen, 1954 auf dem Killesberg in Stuttgart abgehalten, mobilisierte bereits 18.000 Teilnehmer, darunter mehr als 4500 mit einem 100.000-Kilometer-Käfer. Die Bedeutung dieser Veranstaltung für Volkswagen unterstrich Generaldirektor Heinrich Nordhoff mit seiner Anwesenheit und einer persönlichen Ansprache.

Es sollte nicht der letzte Rekord sein, den der Typ 1 aufstellte: Der 1.000.000ste Käfer entstand am 5. August 1955, erhielt eine goldene Lackierung und rollte direkt ins Museum.

Auffälligstes Merkmal der Modellpflege 1953 war das nun ovale Heckfenster, das ab März Einzug in die Produktion hielt. Vier Jahre später, im Juli 1957, kam dann die „Panorama-Heckscheibe".

1953 konnte Volkswagen erstmals den eigenen Anspruch, Massenhersteller zu sein, in vollem Umfang erfüllen. Waren 1952 schon 114.348 Käfer und 21.655 Transporter entstanden und 41.881 Mal auf die Straßen von 18 weiteren Exportmärkten entlassen worden, kletterten die Produktionszahlen 1953 auf 151.323 Käfer und 28.417 Transporter. Im Oktober 1953 änderte sich erstmals auch das äußere Erscheinungsbild des Volkswagens signifikant. Mit der Fahrgestellnummer 1-0441 708 gehörte das geteilte Heckfenster, das „Brezelfenster", der Vergangenheit an und wurde durch eine größere ovale Scheibe ersetzt, die den Vertretern dieser Baureihe zur Unterscheidung von ihren Vorgängern die liebevolle Bezeichnung „Ovali" eintrug.

Auf der Internationalen Automobil-Ausstellung 1953 in Frankfurt tat Volkswagen etwas, wovon alle Autokäufer heute nur träumen können. Das Unternehmen senkte die Preise. Ein Standardkäfer vom Typ 111 kostete jetzt 4150 Mark – mit Falzschiebedach 4400 Mark. Für das vergleichbare Exportmodell waren 5400 Mark fällig und das Cabrio aus dem Osnabrücker Karmann-Werk ermäßigte sich auf 6750 Mark. Mit dieser Preissenkung gab Volkswagen die Stabilisierung der Rohstoffpreise und die Fortschritte bei der Rationalisierung in der Fertigung an die Kunden weiter. Waren 1946 noch 744 Mitarbeiter für die Fertigung von 1000 Autos erforderlich gewesen, so schafften 1953 gerade Mal 100 Arbeiter die gleiche Menge an Fahrzeugen. Doch nicht nur die Kunden profitierten von dieser Entwicklung, die Unternehmensleitung sorgte mit höheren Löhnen und verbesserten Sozialleistungen für eine intensivere Anbindung der Belegschaft an das Unternehmen. Noch immer waren Fachkräfte gesuchte Mangelware.

Der 500.000ste Volkswagen lief am 3. Juli 1953 vom Band. Bis sich der Käfer als Millionär feiern konnte, dauerte es nur ein gutes weiteres Jahr. Am 5. August 1955 entstand das Jubiläumsauto mit einer Lackierung in Goldmetallic, mit weißen Trittbrettern und Gummidichtungen. Die Chromteile waren mit geschliffenen Glasteilchen besetzt und der Innenraum war mit feinstem roten Brokat aus Frankreich ausgeschlagen.

Das Festprogramm war dem Anlass angemessen. In nur einem Jahrzehnt waren aus einer Trümmerwüste real existierende blühende Landschaften entstanden. Das Wunder Volkswagen schien für einen kurzen Moment der Besinnung zu einem Abschluss gekommen zu sein. Nicht zu Unrecht lautete der erste Punkt des Festprogramms am 6. August: „8.00 Uhr: Dankgottesdienst in den Kirchen Wolfsburgs." Danach empfing Heinrich Nordhoff die gesamte internationale Händlerschaft. Ab 14 Uhr war die gesamte Belegschaft mit ihren Familienmitgliedern zum Feiern geladen, Höhepunkte waren hier ein „Festlicher Abend für alle Werksangehörigen und deren Familien mit Musik und Tanz auf dem Freigelände westlich Halle 1" und ein Feuerwerk.

Werbewirksam geparkt: Die Belegschaft bildete aus Neuwagen ein Firmenemblem, um das besondere Käfer-Modell zu ehren.

Das Produktionsjubiläum von einer Million Käfern brachte am 5. August 1955 ganz Wolfsburg auf die Beine.

Der Weg zum 5.000.000sten Käfer

5. Der Weg zum 5.000.000sten Käfer

Mitte der 50er Jahre dokumentierte eine Luftaufnahme des Wolfsburger Werks, dass sämtliche Spuren des Kriegs endgültig getilgt waren. Heute arbeiten rund 50.000 Beschäftigte auf gut 6,5 Millionen Quadratmetern.

Rund 100 Millionen Kraftfahrzeuge befuhren 1954 die Straßen der Welt, darunter 62 Millionen Pkw, von denen alleine 48 Millionen in den USA zugelassen waren. In der Bundesrepublik Deutschland belebten 1,3 Millionen Pkw sowie 520.000 Lastwagen und Omnibusse das Straßenbild. Die Bedeutung der amerikanischen Autoindustrie unterstrich 1954 ein besonderes Jubiläum bei General Motors: Dort rollte das 50.000.000ste Auto vom Band.

Die deutschen Autohersteller bauten 1954 insgesamt 518.190 Pkw. Damit nahm die einheimische Autoindustrie den dritten Platz in der Welt ein, nach den Vereinigten Staaten mit 5.558.897 und England mit 897.560 Pkw. Der unerwartete Gewinn der Fußballweltmeisterschaft 1954 in Bern weichte die unvermindert anhaltende internationale Ächtung der Deutschen auf. Andere sportliche Erfolge wie die Siege bei Großen Preisen durch Mercedes-Benz besserten das Image der Deutschen ebenfalls auf. Zumal Mercedes so clever war, mit Juan Manuel Fangio den besten Rennfahrer der Zeit zu engagieren, der einen makellosen internationalen Ruf genoss.

Mercedes-Benz begeisterte die Autowelt zudem 1954 mit dem ultimativen Traum eines Supersportwagens. Der 300 SL bot eine atemberaubend dynamische, schlanke Karosserie mit zwei am Dach angeschlagenen Türen, die sich wie Flügel nach oben öffnen ließen, was die Amerikaner zu der lyrischen Bezeichnung „Gullwing" (Möwenschwinge) inspirierte. Das Auto verfügte wie ein Rennwagen über einen Gitterrohrrahmen und einen Dreiliter-Reihensechszylinder, der als erster Motor der Welt mit einer mechanischen Benzindirekteinspritzung ausgestattet war und 215 PS leistete. Damit waren je nach Übersetzung der Hinterachse Höchstgeschwindigkeiten zwischen 235 und 260 km/h möglich. Werte, die so fantastisch waren, wie der Preis von 29.000 Mark und im Vergleich zu einem Käfer Relationen aufwiesen wie sie heute nahezu zwischen einem VW Golf und einem Bugatti Veyron existieren.

Schöne Bilderserie: In der Werbung der frühen Fünfziger durfte der Käfer sogar die Rolle einer Chauffeurs-Limousine übernehmen.

Der Exporterfolg des Käfers in den USA sollte ein wichtiges Standbein für VW werden. Der Erfolg des kugeligen Wolfsburgers war aber gewiss kein Zufall. Von der Werbung geschickt positioniert als Protestsymbol gegen die chromprotzenden Modelle aus Detroit, fand er schnell eine treue Anhängerschaft in der „Neuen Welt“.

Zehn Jahre nach der Stunde Null, waren die schlimmsten sichtbaren Wunden, die der Krieg in deutschen Städten geschlagen hatte, geschlossen. Das deutsche Wirtschaftswunder blühte und näherte sich dem Ideal der Vollbeschäftigung. 1955 registrierte die Statistik in der Bundesrepublik nur noch 495.000 Arbeitslose. Und die Arbeit lohnte sich, dank kräftiger Nachschläge beim Lohn. Die Bergarbeiter erhielten 9,5 Prozent mehr, die Metaller in Baden-Württemberg 7,3 Prozent Aufschlag. Darauf wurde gerne und immer öfter angestoßen. Zwölf Milliarden D-Mark gaben die Deutschen 1955 für Alkohol und Zigaretten aus. Und sie gönnten sich 31 Millionen Schallplatten. Vorzugsweise mit den drei populärsten Hits des Jahres: „Rock around the Clock“ von Bill Haley (1925-1981), „This Old House“ von Stuart Hamblen (1908-1989) und „Ganz Paris träumt von der Liebe“, geträllert von der 24-jährigen Caterina Valente.

Die Wirtschaftsblüte beschränkte ihr atemberaubendes Wachstum jedoch nur auf die Bundesrepublik. In der ehemaligen Sowjetischen Besatzungszone (SBZ), deren Staatlichkeit als DDR nur im Ostblock völkerrechtliche Anerkennung gefunden hatte, lief der Aufbau wesentlich langsamer ab, zumal die russischen Sieger sich nach dem Krieg bei der Demontage ostdeutscher Betriebe wesentlich konsequenter schadlos gehalten hatten als die Westalliierten in ihren Besatzungszonen. Die schlechte Versorgungslage in der DDR resultierte im Arbeiteraufstand vom 17. Juni 1953, der durch starke Polizeikräfte und russisches Militär niedergeschlagen wurde. Die Bundesrepublik feierte fortan den 17. Juni, der 55 Todesopfer und über 6000 Verhaftungen nach sich gezogen hatte, als Staatsfeiertag, als den „Tag der Deutschen Einheit“. Ein Volkswagen für breite Schichten blieb für die Deutschen im real existierenden Sozialismus bis zur Öffnung der Mauer

Links: Dank neuem Geld und boomender Wirtschaft konnten sich viele den Traum vom eigenen Auto erfüllen. Es sollte aber noch bis Mitte der Fünfziger dauern, bis auch die ungeklärten Ansprüche der ehemaligen KdF-Sparkartenbesitzer aufgearbeitet wurden.

Rechts: Bei Opel erschein 1953 die neue Generation des Kapitän. Kleine Fenster, eine üppig gerundete Karosserie und besonders der charakteristische „Haifischmaul"-Kühlergrill zeigten die optische Verwandtschaft zur damaligen Olympia-Rekord-Modellreihe.

am 9. November 1989 ein Traum. Der mit Duroplast verkleidete Trabant, der zwischen November 1957 und April 1991 in 3.051.385 Exemplaren entstanden war, wies genau genommen allenfalls Dritte-Welt-Standard auf und repräsentierte für eine Industrienation nur die erschütternde Karikatur eines Automobils.

Der neue Musikstil des Rock'n'Roll, der von Amerika über den Atlantik rollte und die deutsche Jugend im Sturm eroberte, polarisierte das Verhältnis der Generationen. Junge Menschen muckten zunehmend auf und liebten den in den Ohren der Älteren als „Urwaldmusik" anbrandenden Sound. Gegen Elvis Presley (1935-1977), Buddy Holly (1936-1959) oder Jerry Lee Lewis (geb. 1935) hatte Rudi Schuricke (1913-1973) nicht den Hauch einer Chance, wenn er die rote Sonne mit schmelzendem Timbre bei Capri versinken ließ.

Schauspieler wie Marlon Brando (1924-2004) wurden mit Filmen wie „Der Wilde" Kult und Vorbild – auch wenn dessen schweres Indian-Motorrad bei aufbegehrenden jungen Deutschen nur das Äquivalent in Gestalt einer NSU Quickly finden konnte. Mit lediglich drei Filmen, „Jenseits von Eden", „Giganten" und „Sie wissen nicht, was sie tun" traf James Dean (1931-1955) derart zielsicher den Nerv einer ganzen Generation, dass ihn ein früher Unfalltod zu deren Gott befördern konnte. Dass der 24-Jährige dabei in einem 110 PS starken Porsche 550 Spyder mit rund 90 Sachen frontal in einen Ford gekracht war, schadete weder dem Mythos des Mimen noch dem der Firma Porsche.

Während schon 1954 die Kleinstwagen floppten und der Käfer die breite Mittelklasse abdeckte, durfte es für die Leistungsträger des Wirtschaftswunders beim Auto gerne etwas mehr sein. Opel stellte für 9960 Mark den Kapitän mit 71 PS starkem Sechszylinder vor. In nur vier Jahren Bauzeit entstanden davon 154.000 Exemplare. Mit seinen weichen, eleganten Formen, 60 PS und 135 km/h Höchstgeschwindigkeit wird Borgwards Isabella aus Bremen zum Traumwagen der Mittelschicht für 7265 Mark. Das drei Jahre später vorgestellte Coupé – 10.925 Mark teuer – avanciert zum unbestritten schönsten deutschen Auto der Fünfziger.

1954 erreichte eine juristische Auseinandersetzung ihren vorläufigen Höhepunkt, in deren Rahmen Volkswagen gezwungen wurde, sich mit den Schatten der Vergangenheit auseinandersetzen. Das ursprünglich geniale Finanzierungskonzept der KdF-Organisation, die 990 Reichsmark für einen Volkswagen in kleinen Raten ansparen zu können, hatten bis zum Ende des Krieges mehr als 320.000 Volksgenossen genutzt und fleißig jede Woche eine Marke für fünf Mark erworben und auf die Sparkarte geklebt. Freilich sah keiner von ihnen dafür auch nur das kleinste Schräubchen eines Volkswagens.

Dies beschloss 1949 einer der Sparer, Karl Stolz, nicht länger zu akzeptieren. Schließlich war die Produktion bei Volkswagen richtig angelaufen, und es gab seit der Währungsreform auch endlich gutes Geld, das zum Erwerb eines neuen Autos taugte. Karl Stolz klagte also beim Landesgericht in Hildesheim auf die Lieferung eines Volkswagens zum damaligen Selbstkosten-Herstellungspreis von 2300 Mark unter Einrechnung seines angesparten Betrags im Umrechnungsverhältnis 1:1. Dabei war sich der Kläger bewusst, dass Volkswagen gegen diese Forderung mit allen zur Verfügung stehenden Rechtsmitteln ins Feld ziehen würde. Wenn es nämlich zur Anerkennung der Ansprüche kommen würde, hätten alle Sparer Anspruch auf Entschädigung. In diesem Fall hätten sich die Entschädigungszahlungen für das Unternehmen schnell auf einen dreistelligen Millionenbetrag addieren können.

Darum ging Karl Stolz davon aus, dass er durch alle Instanzen gehen musste. Da für eine Berufung vor dem Bundesgerichtshof aber ein Streitwert von

Die Vereinigten Staaten entwickelten sich ab Mitte der Fünfziger zum wichtigsten Exportmarkt für Volkswagen. Kein amerikanischer Hersteller bot zu jener Zeit eine Alternative, besonders für junge Kunden, die einfach nur ein kleines, preiswertes und zuverlässiges Auto suchten.

mindestens 6000 Mark angesetzt werden musste, tat sich Stolz mit einem weiteren Spar-Kollegen namens Rudolf Meichsner zusammen. Bei einem Mindestverkaufspreis von 4800 Mark für den Standard-Käfer kam somit ein Streitwert von knapp 10.000 D-Mark zusammen. Wie erwartet wies das Landgericht in Hildesheim die Klage ebenso wie das Oberlandesgericht Celle in zweiter Instanz ab. Der Bundesgerichtshof in Karlsruhe verwies die Klage am 23. Oktober 1951 ohne Kommentar an das Oberlandesgericht zurück.

Im November 1951 ging Volkswagen in die Offensive und stellte beim Oberlandesgericht in Celle den Antrag auf Feststellung, dass zwischen dem Unternehmen und den Sparern gar kein Vertragsverhältnis bestand, weil sie mit der KdF-Organisation und damit mit der Deutschen Arbeitsfront ihre Sparverträge abgeschlossen hatten. Der komplexe Sachverhalt und die schwierige Beweislage zogen das Verfahren bis zur nächsten richterlichen Entscheidung insgesamt fast fünf Jahre hinaus, bevor die Richter in Celle am 4. Januar 1954 feststellten, dass doch eine Vertragspartnerschaft zwischen Sparern und Volkswagen bestand.

Daraufhin übernahm Volkswagen die Initiative und legte Berufung beim Bundesgerichtshof ein.

Gut 10 Jahre nach Kriegsende genossen die Deutschen die Vorzüge der Massenmobilität: Das Auto machte unabhängig und erfüllte so manchen Reisewunsch Richtung Süden. Die Alpen waren in den Fünfzigern beliebtes Werbemotiv und gern genommene Hintergrundkulisse, wie hier auf dem Werksfoto eines Käfer Cabriolets, Baujahr 1954. Ab diesem Modelljahr gab es eine Sonnenblende für den Beifahrer und bei der Lackierung kamen erstmals witterungsbeständige Acryllacke zum Einsatz.

Am 21. Dezember 1954 gaben die Bundesrichter VW Recht. Nicht das Unternehmen, sondern die „Deutsche Arbeitsfront“ sei Vertragspartner der Sparer gewesen. Die sollten sich an den Nachfolger der von den Alliierten aufgelösten Organisation wenden. Doch Stolz klagte weiter gegen Volkswagen. Alle Vergleiche, die in der Folge erarbeitet wurden, stießen bei einer der beiden Seiten auf Ablehnung.

Schließlich wollte Volkswagen die Angelegenheit zu einem Abschluss bringen und ging in die Offensive. Das Unternehmen klagte am 2. Juli 1958 auf Feststellung, dass zwischen ihm und den KdF-Sparern auch keine außervertraglichen Verpflichtungen bestünden. Diesem Antrag gab das Oberlandesgericht am 9. November 1959, praktisch zum zehnjährigen Jubiläum des Streits, statt.

Allerdings lag es in der Natur der Sache, dass ein Heer von Berichterstattern jeden Prozesstermin begleitete und die Auseinandersetzung zur breiten Diskussion in der Öffentlichkeit publizistisch aufbereitete. Die Verantwortlichen bei Volkswagen begannen zu begreifen, dass sich die Angelegenheit zum Politikum ausweitete und dass der damit verbundene Imageschaden für Volkswagen größer ausfallen könnte als der wirtschaftliche Schaden einiger Entschädigungs-Millionen.

Die Beteiligten arbeiteten an einem Vergleich, der am 14. Oktober 1961 zwischen den streitenden Parteien geschlossen und vier Tage später vom VIII. Senat des Bundesgerichtshofs verkündet wurde. Der Vergleich bot den Sparern zwei Optionen. Einmal konnten sie je nach Höhe ihres angesparten Betrags einen Nachlass auf einen neuen Volkswagen 1200 erhalten und zwar in vier Staffeln: 600 D-Mark Ermäßigung für mehr als 750 angesparte Reichsmark, 450 D-Mark für mehr als 500 Reichsmark, 300 D-Mark bei mehr als 250 Reichsmark und 150 D-Mark für Sparkarten, die bis 250 Reichsmark beklebt waren. Sparer, die keinen Volkswagen kaufen wollten, wurden mit Barzahlungen abgefunden. Je nach Sparstufe mit 25, 50, 75 oder 100 D-Mark.

Im Gegenzug mussten die Sparer erklären, dass mit der Entschädigung alle Ansprüche an Volkswagen und die Deutsche Arbeitsfront abgegolten waren. Die Finanzierung des Vergleichs offenbarte einen der unzähligen undurchsichtigen Vorgänge finanzieller Verflechtung zwischen Drittem Reich und der Bundesrepublik, die immer noch bestanden. Die Einzahlungen der KdF-Sparer waren nämlich nicht in die allgemeinen Kriegsanstrengungen der Nationalsozialisten gebuttert worden, sondern landeten auf einem Sonderkonto der „Bank für Deutsche Arbeit“ in Ost-Berlin, wo sie eingefroren aber verzinst schlummerten und auf einen Gesamtbetrag von 276 Millionen Reichsmark angewachsen waren. Nach Umrechnung in D-Mark erhielt Volkswagen das Guthaben des Kontos in Höhe von rund 19 Millionen.

Rund 100.000 Ex-Sparer entschieden sich dafür, ihre Entschädigung in einen neuen Volkswagen zu investieren. Somit entwickelte sich die Angelegenheit für VW letztlich sogar noch in eine profitable Angelegenheit, denn die 100.000 Autos gingen direkt an die Endkunden, ohne Zwischenhandel durch Autohäuser. Somit lag der Preisnachlass unter der Händlermarge und bescherte VW einen Profit von etwa 50 Millionen D-Mark. Auch der Handel konnte mit dem Geschäft leben, denn es sicherte den Autohäusern 100.000 Neukunden für Wartung und Service. Der Gewinn deckte auch die Aufwendungen für die Barentschädigungen.

Für Volkswagen war der Abschluss der Affäre auch aus einem anderen Grund wichtig gewesen. Ab Ende der fünfziger Jahre plante die Bundesrepublik als Eigentümer von Volkswagen eine Teilprivatisierung des Unternehmens. Eine Umwandlung

Nach den Werksferien kam der Käfer in den Genuss von einer ganzen Reihe von Modellpflegemaßnahmen. Dazu gehörten auch vergrößerte Front- und Heckscheiben, was zwangsläufig auch eine neue Dachform zur Folge hatte. Der Preis für das Standard-Modell betrug 3750 Mark, die Export-Version stand für 4600 Mark in den Listen.

in eine Aktiengesellschaft, so die Drohung der Sparer, würde von ihnen durch juristische Interventionen solange konterkariert, bis eine Lösung in der Entschädigungsproblematik gefunden wäre.

Zurück zur Entwicklung des Käfers: Die nächste große Modellpflege erfolgte 1954. Das Auto hieß nun offiziell „Volkswagen 1200“. Von Januar 1954 bis Juli 1960 leistete der Motor im Exportmodell 30 PS. Die Motorleistung stieg bis zum Produktionsende der Serie im Juli 1965 auf 34 PS. Die Verdichtung erhöhte sich 1954 in zwei Schritten von 1:6,1 auf 1:6,6. Der Exportkäfer erhielt 1955 ein neues Lenkrad, eine verbesserte Regelung der Heizung, breitere Vordersitze mit dreifach verstellbaren Lehnen, neue Heckleuchteinheiten und für 250 D-Mark Aufpreis ein Faltdach aus PVC. Von da an gehörten regelmäßige Modellpflegemaßnahmen in jedem Jahr zum festen Bestandteil der Käfer-Produktion. Ab Juli 1956 kamen schlauchlose Reifen zum Einsatz.

1957 änderte der Käfer für lange Zeit gründlich sein Aussehen. Die Front- und vor allem die Heckscheibe erhielten ein deutlich größeres Format. Das verbesserte die Sicht, ließ den Wagen innen heller und außen moderner erscheinen. Dazu spendierten die Verantwortlichen dem Käfer eine leistungsfähigere Bremsanlage mit einem größeren Bremszylinder und breiteren Bremsbacken an der Hinterachse. 1958 beschränkte sich die Modellpflege auf einen größeren Rückspiegel. Im folgenden Jahr gab es ein überarbeitetes Fahrwerk.

Die Erhöhung der Leistung ab August 1960 erfolgte zusammen mit der Einführung des voll synchronisierten Getriebes. Dazu gab es unter anderem Blinker statt Winker, eine Scheibenwaschanlage, Haltegriffe, eine Sonnenblende für die Beifahrerseite und einen geänderten Tank mit Außenentlüftung, der eine Vergrößerung des Stauraums ermöglichte.

Der Volkswagen 1200 Standard durfte sich keines so umfangreichen Verwöhnprogramms erfreuen. Es blieb bei einer einfachen Ausstattung, ohne Chromverzierungen, hydraulischen Lenkungsdämpfer, Getriebesynchronisation und Stabilisator. Auch die Leistungssteigerung auf 34 PS fand in der Standard-Version nicht statt.

Bei Volkswagen hatte Heinrich Nordhoff praktisch seit Beginn seiner Amtszeit als Generaldirektor die allgemeine Marktentwicklung nicht aus den Augen gelassen. In der stetig wachsenden Zahl von Kleinstwagenanbietern, die ab Anfang der Fünfziger die deutsche Autolandschaft bereicherten, sah er keine Gefahr für den Käfer, auch dann nicht, wenn ein ungeduldiger Kunde wegen ständig steigender Lieferzeiten doch von Volkswagen absprang und sich lieber in ein Goggomobil oder einen Kabinenroller quetschen wollte. Um bei einer entsprechenden Entwicklung des Kundengeschmacks gewappnet zu sein, sollte eine zweite Karosserieform auf Basis der bewährten Käfer-Technik im Köcher stecken. Mit deren möglicher Gestaltung hatte Volkswagen bereits 1950 jemanden beauftragt, der damals in der Autowelt etwas davon verstand – den italienischen Designguru Pinin Farina. Der Italiener analysierte den Käfer lange und gründlich und kam schließlich zu dem erstaunlichen Schluss, dass Veränderungen am bestehenden Konzept der Karosserie nicht zweckmäßig seien. Die Formgebung des Autos erachtete er als funktionell und vollkommen. Den Hinweis auf die zwei viel zu kleinen Rückfenster nahmen die Karosserieänderungen 1953 und 1957 auf.

An Versuchen unabhängiger Karosseriewerke, das Käfer-Angebot mit weiteren Derivaten zu vergrößern, herrschte in den Fünfzigern kein Mangel. Volkswagen duldete die Aktivitäten. Jedoch ohne offizielle Absegnung der Sonderaufbauten. So hatte beispielsweise das 1945 in Wuppertal gegründete Karosseriebauunternehmen Drews bereits 1947 mit der Entwicklung eines sportlichen Cabriolets auf Basis des Käfers begonnen, dessen Konzept entfernt an den Porsche 356 erinnerte. Die modern gezeichnete Pontonkarosserie aus Aluminiumblechen spannte sich über einen Rohrrahmen und trotz eines Preises von 10.000 D-Mark konnte Drews bis 1951 etwa 150 Autos verkaufen.

Fehlten dem Drews-Käfer mangels professioneller Designhilfe vielleicht ein wenig die harmonischen Proportionen, so zeichnete sich das zweisitzige Cabriolet von Dannenhauer & Stauss aus Stuttgart durch eine besonders ansprechende Karosserie aus, die die runden Linien des Käfers und seine charakteristischen Kotflügelformen aufnahm. Und natürlich dessen Technik in Form von kompletten Fahrgestellen. Das von Gotthilf Dannenhauer nach dem Krieg gegründete Karosseriebauunternehmen baute zwischen 1951 und 1955 über 100 Cabriolets zu einem Preis von 9000 Mark.

Zwölf Jahre, von 1950 bis 1962, machte die Firma Friedrich Rometsch aus Berlin mit ihren Cabrios und Coupés auf Basis des VW Käfer von sich reden. Das 1924 gegründete Unternehmen zeichnete sich durch große Kompetenz in der Anfertigung von Spezialkarosserien aus. Chefentwickler Johannes Beeskow (1911-2005), der vor dem

Links und rechte Seite: Die Firma Karosserie Friedrich Rometsch in Berlin-Halensee fertigte Anfang der Fünfziger ein Cabrio auf Käfer-Basis (rechts). Als Konkurrenz zum Karmann Ghia entstand 1957 der als Coupé und als Cabrio erhältliche Rometsch Lawrence. Auch wenn es Rometsch gelungen war, eine geradezu perfekte Kombination aus amerikanischen Designelementen und eleganter italienischer Linienführung zu finden, wurde die Fertigung dieses 8000 Mark teuren Modells 1961 eingestellt.

Krieg bei „Erdmann & Rossi" gearbeitet und Spezialkarosserien für Bugatti und Maybach gebaut hatte, entwickelte 1950 für Rometsch einen eleganten Zweisitzer als Coupé und Cabriolet mit Käfer-Technik, bevor er 1953 zu Deutsch nach Köln wechselte.

Der Rometsch-Käfer zeichnete sich durch eine Aluminiumkarosserie auf einem Holzgerippe aus. 1957 folgte eine ganz neue Karosserie, deren Stil sich an den amerikanischen Traumwagen der Zeit orientierte und ein wenig wie die Bonsai-Version eines Ford Thunderbird von 1954 wirkte. Die Käfer-Interpretationen von Rometsch fanden stets einen treuen Kundenstamm, doch nach dem Bau der Mauer am 13. August 1961 in Berlin fehlten Rometsch die Arbeiter aus Ost-Berlin und somit musste die Produktion nach rund 500 Rometsch-VW eingestellt werden.

Zwischen 1951 und 1954 verwirklichte Rometsch in 20-facher Auflage auch eine Käfer-Version, die von Werksseite nie in Betracht gezogen wurde und aus deren Vernachlässigung schließlich ein Manko erwuchs, das rund ein halbes Jahrhundert später das Schicksal des Käfers endgültig besiegelte. Rometsch stellte auf Basis des Exportkäfers viertürige Versionen her, die hauptsächlich für den Taxibetrieb bestimmt waren. Dazu wurde der Radstand von 2400 um 180 Millimeter verlängert und die vorderen Türen etwas verkürzt. Die Umbaukosten beliefen sich auf 2000 Mark. Weder die Verlängerung noch die beiden zusätzlichen Türen beeinträchtigten die Seitenlinie und Proportionen des Rometsch-Viertürers.

Nach seiner Zeit bei Deutsch in Köln, wo er die Coupé- und Cabriolet-Karosserie für Borgwards Isabella schneiderte, wechselte Beeskow 1955 als Leiter der Entwicklung zu Karmann nach Osnabrück. Dort betreute er 20 Jahre lang unter anderem den Karmann-Ghia und verpasste dem Opel Diplomat V8 eine betörende Coupé-Variante, die zwischen 1965 und 1967 für 25.500, beziehungsweise 26.000 D-Mark genau 302 Kunden fand.

Die Produktion des Käfers wie die gesamte Fahrzeugproduktion bei Volkswagen eilte von Rekord zu Rekord. 1957 schloss sie mit 427.554 Fahrzeugen ab, davon 91.993 Transportern. Die ersten Gewerbezweige führten in der Bundesrepublik die Fünftagewoche mit 45 Arbeitsstunden ein, wofür sich die Gewerkschaften mit einem griffigen Slogan aus Kindermund stark machten: „Samstag gehört Papi mir!" Die Sehnsucht, fremde Länder endlich nicht mehr nur als Angehörige

der Wehrmacht entdecken zu können, erfüllten sich Bundesbürger zunehmend mit einer Sommerfrische im Ausland. Bevorzugt an den Gestaden der Adria. Karawanen von Käfern mit deutschen Nummernschildern, deren luftgekühlte Motoren auch auf den Höhen der Alpenpässe nicht kapitulierten, pilgerten Sommer für Sommer an die Strände zwischen Venedig und Rimini und begründeten den Ruf der Region als „Teutonengrill“.

Die Produktionsmarke von einer halben Million Autos überschritt Volkswagen 1958 mit genau 553.309 Einheiten, davon 451.526 Käfer. Das stark ansteigende Verkehrsaufkommen in der Bundesrepublik zwang den Gesetzgeber zum Handeln. Nach der Einführung der Höchstgeschwindigkeit von 50 km/h innerhalb geschlossener Ortschaften am 1. September 1957 nahmen am 2. Januar 1958 die ersten Mitarbeiter des Kraftfahrtbundesamts in Flensburg in der neu gegründeten Abteilung „Verkehrssünderdatei“ ihre Arbeit auf. Die Eröffnung der ersten 100 Kilometer der „Autostrada del Sole“ zwischen Mailand und Parma nahmen deutsche Urlauber mit besonderer Dankbarkeit auf.

Während europäische Autobauer, allen voran Volkswagen, von Produktionsrekord zu Produktionsrekord eilten, erlebte die amerikanische Autoindustrie 1958 die schlimmste Krise ihrer Geschichte.

Nicht nur in Deutschland bleibt der Käfer bei den Käufern beliebt. Ende der fünfziger Jahre läuft in Frankreich, wo sich VW inzwischen ein neues Standbein geschaffen hatte und den Käfer gegen 2CV und Renault 4 antreten ließ, der 10.000ste Käfer vom Band.

Nach der Rekordfertigung des Jahres 1955 mit 7,2 Millionen Neuwagen, brachen die Produktionszahlen 1958 auf 4,2 Millionen ein. In Detroit verloren von ehemals 807.000 Arbeitern in der Autoindustrie 450.000 ihren Job. 800.000 Autos standen auf Halde, die Amerikaner hatten den Geschmack an ihren Straßenkreuzern verloren und zwängten sich aus Protest in mehr als 400.000 Kleinwagen, die 1958 importiert wurden. Volkswagen hätte mehr als ein Viertel seiner Jahresproduktion in den Vereinigten Staaten loswerden können, wenn das die Lieferzeiten in Deutschland und Europa nicht übermäßig strapaziert hätte. Auch der Renault Dauphine, Frankreichs 38 PS starke und 125 km/h schnelle Antwort auf den Käfer von 1956, galt in New York als schick. Nicht einmal vor der Bestellung von 10.000 Goggomobilen schreckten die Amerikaner zurück.

Ford, als „Erfinder" eines Wagens für das ganze Volk in Gestalt des Modells T, baute zwar 1958 sein 50.000.000stes Auto, erlebte mit der Planung eines volkstümlichen Modells für die Mittelklasse aber eines der größten Debakel der Autogeschichte. Das Konzept dieses Mittelklasseautos sollte in 250.000facher bis 300.000facher Jahresauflage entstehen, um so in drei Jahren die Gewinnzone zu erreichen. Es stellt nicht zuletzt besonders anschaulich den Unterschied der Autowelten zwischen Deutschland bzw. Europa und Amerika in jenen Tagen dar. Während der Käfer 1958 ohne Wenn und Aber zum automobilen Establishment der Mittelklasse in der Bundesrepublik gezählt werden konnte, sollte der Ford Edsel das amerikanische Äquivalent der deutschen Käfer-Zielgruppe mit einer

5,56 Meter langen, 2070 Kilo schweren Limousine zu Preisen ab 3500 Dollar beglücken, die ein V8 mit 6719 cm³ Hubraum und 345 PS auf 190 km/h beschleunigte. Trotz zusätzlicher Versionen wie Coupé, Cabriolet und Kombi kam der Edsel wegen seiner als total misslungen empfundenen Form und miesen Qualität auf lediglich 110.847 Einheiten und bescherte Ford einen Verlust von mehr als 400 Millionen Dollar.

In Detroit, der amerikanischen Autostadt, war 1959 jeder Fünfte arbeitslos, in Wolfsburg glühten die Bänder, sodass 696.860 Autos gebaut werden konnten, mit 575.406 erstmals mehr als eine halbe Million Käfer. Mit 600.000 Autos aus Europa kletterte der Marktanteil von Importfahrzeugen in den USA auf zehn Prozent. Die sechs Gründungsmitglieder der Montanunion festigten ihre Zusammenarbeit mit der Gründung der „Europäischen Wirtschaftsgemeinschaft" (EWG). In der Bundesrepublik fiel die Zahl der Arbeitslosen unter die der offenen Stellen, die durchschnittliche Dividende bei bundesdeutschen Aktiengesellschaften erreichte 12,7 Prozent. Dafür verzockten die Deutschen 220 Millionen D-Mark bei Toto und Lotto.

Die British Motor Corporation (BMC), 1952 als großer Zusammenschluss britischer Autohersteller wie Austin, Morris, MG, Austin-Healey, Vanden Plas, Riley und Wolseley mit einem Gesamtmarktanteil von 39 Prozent gegründet, revolutionierte 1959 mit einer Neuvorstellung Konzeption und Bau von Pkw, insbesondere von kleinen Fahrzeugen. BMC-Chefkonstrukteur Sir Alexander Arnold Constantine („Alec") Issigonis (1906-1988) hatte mit dem Austin Seven/Morris Mini Minor, einen 3,2 Meter langen Viersitzer mit steilem Heckabschluss und einer nach unten öffnenden Klappe als Zugang zum Gepäckabteil geschaffen. Trotz seiner geringen Ausmaße bot das Auto einen ungewöhnlich geräumigen Innenraum, weil der Antrieb über einen quer eingebauten Vierzylinder mit 848 Kubikzentimeter und 34 PS platzsparend auf die Vorderräder erfolgte. Diese Fahrzeugkonfiguration deckte nicht zuletzt langfristig immer deutlicher die Schwächen des Käfers in punkto Raumnutzung und Fahrdynamik auf. Bei der Kurvenstabilität und Wendigkeit setzte der Mini mit dem Fahrverhalten eines Go-Karts ebenfalls Maßstäbe, die ihn über seine 41-jährige Bauzeit ebenso prägten wie seine gleichbleibend niederschmetternde Produktqualität und der dennoch unverbrüchliche Kultstatus.

Gänzlich unbeachtet vom Rest der Automobilwelt ging 1959 in Japan das erste Auto auf Kundenfang, das die Vorstellung des MITI von einem Volkswagen für die Söhne und Töchter Nippons erfüllte. Unter der Markenbezeichnung Subaru stellte die Autodivision des Fuji-Konzerns das Modell 360 vor. Gemäß den gesetzlichen Bestimmungen des Landes, dass Kleinwagen mit einer maximalen Länge von drei Metern und einem Hubraum von höchstens 360 cm³ große steuerliche Vorteile genossen und den Eigentümer in urbanen Großräumen wie Tokio von der Auflage befreiten, innerhalb von 800 Meter Umkreis um seine Wohnung einen Parkplatz nachweisen zu müssen (seit 1976 gelten 3,2 Meter Länge und 550 cm³ als Obergrenze beim Hubraum, heute dürfen es sogar 660 cm³ sein), entstand ein viersitziges Fahrzeug, dessen Form vorsichtig mit „ungewöhnlich" bezeichnet werden konnte. Die Karosserielinien des Subaru 360 entsprangen einer unausgewogenen Mischung aus Fiat 500, Renault 4 CV und Käfer mit einer Prise DKW 3 = 6. Er bot vier Erwachsenen Platz – vor-

Auch in Frankreich und Italien waren Kleinwagen populär: Ab 1957 startete der 13 PS starke Fiat 500 mit 479 ccm als Nachfolger des von den Italienern heiß geliebten Topolino und in Frankreich eroberte der Renault Dauphine mit 27 PS aus 845 ccm mit viel Charme die Herzen der Käufer.

Angriff auf die automobile Mittelklasse: Der neue Typ 3 enttäuschte bei seiner Vorstellung auf der IAA 1961 die Erwartungen der Fachleute an einen wirklich neuen VW, hatte man doch in Wolfsburg auf die inzwischen ausgereifte und bewährte Technik des Käfers zurückgegriffen und diese mit einer neuen Karosse versehen.

ausgesetzt, es handelte sich dabei ausschließlich um Japaner – und sandte 16 PS aus einem Zweitakter an die Hinterachse. Subaru baute den ersten japanischen Volkswagen bis 1971. In diesem Jahr hatte sich das anfängliche Schmunzeln der Welt über Japans Autobauer restlos gelegt, die nun bereits 3,7 Millionen Pkw auf die Räder stellten und davon mehr als 600.000 in die weite Welt verschifften.

Nichts konnte die Ambivalenz der Autowelt jener Tage besser illustrieren als der Kontrast zwischen dem japanischen Volkswagen im direkten Vergleich zum amerikanischen Traumwagen von 1959. Der Cadillac Eldorado 59 streckte sich praktisch auf die doppelte Länge der Bonsai-Limousine von Subaru und bot die irrwitzigsten Heckflossen aller Zeiten, deren Höhe von knapp 1,3 Metern praktisch der gesetzlichen Breite japanischer Miniautos entsprach. Acht Zylinder im Bierkrugformat von insgesamt 6391 cm³ Hubraum ließen im Gegenzug zur Versorgung mit rund 30 Litern Benzin, die alle 100 Kilometer durch die Vergaser rannen, die 2,5-Tonnen-Fuhre mit 345 PS seidenweich und federleicht aus dem Stand in 12,5 Sekunden auf Tempo 100 beschleunigen und auf maximal 190 km/h treiben.

Bei Volkswagen brachte das Jahr 1960 den nächsten Produktionsrekord mit 725.927 Käfern und 129.919 Transportern. Die Differenz von 13 Exemplaren zur Gesamtproduktionszahl von 865.858 Fahrzeugen entstand durch den Volkswagen 1500/1600, der als zweite Produktlinie bei den Pkw eine neue Epoche einleitete. Die offizielle Vorstellung der völlig neuen Baureihe erfolgte ein Jahr später im Rahmen der Internationalen Automobil-Ausstellung in Frankfurt. Trotz des Erfolgs des Käfers barg seine Monokultur auch Gefahren, weil er nicht mehr die schnell wachsende Käuferklientel von Mittelklasseautos erreichte. Dementsprechend siedelte VW den 1500 über dem Käfer an und präsentierte neben der Limousine mit moderner, schnörkelloser Stufenheckkarosserie auch gleich eine Kombiversion.

Technisch war der VW 1500 mit dem Käfer enger verwandt als dies das komplett andere Aussehen vermuten ließ. Der Radstand der 4225 Millimeter langen Limousine betrug wie beim Käfer 2400 Millimeter. Der Antrieb erfolgte durch den bekannten luftgekühlten Vierzylinder-Boxer auf die Hinterräder. Durch eine Hubraumerweiterung auf 1493 cm³ stieg dessen Leistung auf 45 PS. Damit erreichte der VW 1500 aus dem Stand 100 km/h in 24,5 Sekunden und schaffte eine Höchstgeschwindigkeit von 130 km/h. Für 100 Kilometer benötigte er zehn Liter Kraftstoff, die die Benzinpumpe, ebenso wie beim Käfer, aus dem 40-Liter-Tank unter der vorderen Motorhaube förderte, die auch den Zugang zum vorderen Laderaum des VW 1500 freigab.

1960 bot Volkswagen den Standard-Käfer zum niedrigsten Preis in seiner Geschichte an. Seit September mussten lediglich 3790 Mark bezahlt werden, was letztlich auch die Frage beantwortete, warum die deutschen Kleinstwagen weniger denn je einen Fuß auf den Boden bekamen. Im gleichen Jahr erfolgte auch die Teilprivatisierung von VW. 60 Prozent des damaligen Grundkapitals in Höhe von 600 Millionen D-Mark ging als „Volksaktie“ in den Besitz von 1,25 Millionen Kleinaktionären. Die restlichen 40 Prozent teilten sich die Bundesrepublik Deutschland und das Bundesland Niedersachsen.

1961 erließ der Bundestag ein Gesetz zum „Abbau der Wohnungszwangswirtschaft“. Von den 55.785.000 Einwohnern der Bundesrepublik waren 9,7 Millionen ehemalige Flüchtlinge. Zusammen konsumierten die Deutschen im Einzelhandel für über 92 Milliarden D-Mark, was die Umstrukturierung des Handels hin zu Kaufhäusern und Supermärkten beschleunigte. Die deutschen Kinofans strömten noch immer zu Millionen in die Lichtspielhäuser, unterhielten sich mit deutschen Edgar-Wallace-Verfilmungen, ließen sich in die verruchte „Welt der Suzie Wong“ entführen, weinten, sofern weiblich, bei „Frühstück bei Tiffany“ über das Schicksal der elfenhaften Audrey Hepburn in der Rolle der Holly Golightly und betrauerten den Tod von Idolen wie Hans Albers (geb. 1892) oder Clark Gable (geb. 1901).

Die nächste „Millionenfeier" stand für 1961 an: Der 5.000.000ste Käfer wird montiert.

Am 4. Dezember feierte Volkswagen die Produktion des 5.000.000sten Käfers in Wolfsburg. Mit 959.773 Fahrzeugen verfehlte die Gesamtproduktion die magische Grenze von einer Million Autos nur knapp. Zu der Jubiläumszahl des Käfers hatten alleine 1961 genau 796.825 Käfer beigetragen. Das Wirtschaftswunder schien sich in der Bundesrepublik unaufhaltsam fortzusetzen, doch der Kalte Krieg sorgte in Deutschland für eine gravierende Zäsur und setzte sich mit der Berliner Mauer sein hässlichstes Denkmal, das erst am 9. November 1989 nicht minder spektakulär zerstört werden konnte.

Die Zahl der Menschen, die in der DDR nichts dagegen hatten, ihre Freiheit im Arbeiterparadies des real existierenden Sozialismus gegen ein Leben unter dem ausbeuterischen Joch des westdeutschen Klassenfeindes zu tauschen, war 1961 so bedrohlich gestiegen, dass die Führung sich zu drastischen Maßnahmen entschloss, um den Strom der Flüchtenden zu unterbinden. Seit Beginn des Jahres 1961 hatten bereits 195.828 Bürger die DDR verlassen, ein Aderlass, der umso schlimmer wog, weil 49,1 Prozent der Flüchtenden unter 25 Jahre alt waren. Diese Entwicklung interpretierte der Staatsratsvorsitzende Genosse Walter Ulbricht (1983-1973) als „westliche Aggression" um, gegen die ab 13. August der „antiimperialistische Schutzwall" gezogen wurde, aus dem sich eine so undurchdringliche Demarkationslinie entwickelte, die nicht nur Deutschland, sondern die beiden Weltmacht-Blöcke mit einer technischen Perfektion teilte, wie sie die Menschheit zuvor noch nicht gesehen hatte.

Der Weg zum 10.000.000sten Käfer

6. Der Weg zum 10.000.000sten Käfer

Von Beginn seiner Laufbahn an, war der Käfer ein echter Exportschlager, vor allem in den USA liebte man ihn. Die US-Karriere beginnt am 8. Januar 1949, als die ersten zwei Limousinen von den Niederlanden aus in die USA verschifft wurden. Im Jahr 1964 entsteht in Emden ein neuer Produktionsstandort für den Käfer, weil der Emder Hafen der westlichste Seehafen Deutschlands ist und daher die kürzesten Transportwege nach Übersee bietet.

Fünf Millionen Käfer. Bei vier Metern Länge pro Auto würden sie, Stoßstange an Stoßstange aneinander gereiht, als 20.000 Kilometer langes Band aus Stahl auf 20 Millionen Rädern, die Hälfte des Äquators umspannen. Zuzüglich 350 Kilometer, denn die exakte Länge des Autos betrug 4070 Millimeter. Tatsächlich rollte der Käfer 1961 bereits auf fast allen Straßen der Welt, denn seine Erfolgsgeschichte hatte nach dem deutschen Wirtschaftswundermärchen längst das nächste Kapitel aufgeschlagen. Das Auto entstand nicht mehr ausschließlich in Wolfsburg, sondern lief auch in anderen Ländern vom Band.

Die Geschichte des Käfer-Exports ähnelt in ihren Grundzügen der des Autos selbst. Es begann mit sehr bescheidenen Anfängen. Hinter den ersten Überlegungen, den Volkswagen auch auf ausländischen Märkten zu verkaufen, steckten noch die englischen Betreiber des Werks. Der Vertrieb in andere Länder schien aus zwei Gründen notwendig und sinnvoll. Einerseits bestand auch außerhalb Deutschlands ein riesiger Bedarf an neuen Autos, die genau jene Eigenschaften aufweisen sollten, die den Käfer auszeichneten: Robustheit, Zuverlässigkeit, Vielseitigkeit und günstige Betriebskosten. Zum anderen sollte der Verkauf der Autos aus Wolfsburg ins Ausland dringend benötigte Devisen erwirtschaften, die für den Kauf von Rohstoffen wie für neue Produktionsmaschinen händeringend benötigt wurden.

Der holländische Autohändler Ben Pon, der 1947 die erste deutsche Exportmesse in Hannover besucht hatte, um mit VW über einen Export nach Holland zu verhandeln, tauchte wenig später in Wolfsburg auf, um über den Ankauf von gleich 1000 Autos zu sprechen. Angesichts der 1947 nur 8987 gebauten Autos ein Wunsch, der leider nicht erfüllbar war. Ben Pon erhielt wenigstens einige Fahrzeuge und somit wurde Holland das erste Land, in dem außerhalb des besetzten Deutschlands Käfer verkauft wurden.

In den ersten Jahren nach dem Krieg war der internationale Handel ein mühsames Geschäft. Jedes Land hatte eigene Einfuhrbestimmungen, meist mit einem protektionistischen Hintergrund, um die eigene Wirtschaft zu schützen oder den Abfluss der überall knappen Devisen zu erschweren.

Anfang der Fünfziger bot sich die Schweiz als attraktivstes Exportland für Autos in Europa an. Da die Eidgenossen über keine eigene Autoindustrie verfügten, war ihr Fahrzeugmarkt gleichermaßen offen

Eine der bekanntesten Werbeaufnahmen vom Käfer zeigt, wie schön das Leben sein kann: An einem sonnigen Tag mit einem Faltdachkäfer eine Tour durch die Alpen ... Zu einer glücklichen, deutschen Familie gehörte in den Sechzigern natürlich auch der Käfer als Familienauto. Der Anschaffungspreis für das einfachen Standard-Modell bewegte sich zwischen 3800 Mark Anfang der 1960er bis ca. 4700 Mark am Ende des Jahrzehnts.

Dank seiner Exporterfolge war der Käfer bereits in den Sechzigern weltweit fester Bestandteil des Straßenbildes der großen Metropolen. Hier fährt ein Exemplar werbewirksam auf der 5th Avenue in New York ...

für alle Anbieter aus der ganzen Welt. Diese Eigenschaft verlieh dem Schweizer Automarkt den Charakter einer Messlatte für die Beliebtheit des internationalen Autoangebots. Der Käfer entwickelte sich schnell zum begehrtesten Auto des Alpenlandes, das sich besser als alle anderen Modelle aus Frankreich, England oder Italien verkaufte.

Den frühen Erfolg in der Schweiz verdankte Volkswagen nicht zuletzt einem potenten Importeur, der AMAG. Der Schweizer Walter Haefner hatte die AMAG 1945 als „Automobil- und Motoren AG“ mit Sitz in Zürich gegründet. 1948 schloss die AMAG den ersten Importvertrag mit VW ab. Ab 1951 folgte ein Vertrag mit Porsche. Beide Marken bilden bis heute das Kerngeschäft der Gruppe, zu der inzwischen auch die „AMAG Leasing AG“, die „Roc AG“ für den Handel mit Gebrauchtfahrzeugen und die „AMAG Services AG“ für das Geschäft mit Mietwagen und Parkhäusern gehören. 2006 erwirtschaftete die AMAG mit 3290 Mitarbeitern einen Umsatz von 3,451 Milliarden Schweizer Franken.

Die Bedeutung des Exports für die Entwicklung von Volkswagen hatte Heinrich Nordhoff von Beginn seiner Tätigkeit in Wolfsburg an erkannt. Er erklärte die Erschließung neuer Märkte für den Käfer im Ausland zur Chefsache seiner ersten Amtsjahre, was ihm im Rahmen einer Geschichte des Magazins „Der Spiegel“ die Bezeichnung „Reisender in Volkswagen“ eintrug.

Dieses Engagement trug schnell Früchte. 1948 hatte der westdeutsche Anteil am weltweiten Export von Automobilen noch 1,2 Prozent betragen. 1954 waren es bereits 19,2 Prozent. Damit war die Bundesrepublik auf den zweiten Platz unter den Autoexporteuren der Welt geklettert, mit gerade einmal 11.000 Autos weniger als der Autoexportmeister USA. 42,2 Prozent des deutschen Exports entfielen dabei alleine auf VW.

Auf dem nordamerikanischen Kontinent lief der Verkauf von Käfern nur mühsam an. Aber das Potenzial des Marktes rechtfertigte alle Mühen. Die ersten Käfer der unmittelbaren Nachkriegszeit waren im Gepäck ehemaliger GIs in die Vereinigten Staaten gereist. Die kleinen, runden Autos waren dort zunächst einer Welle des Hohns und Sports ausgesetzt. In gutmütigen Fällen wegen ihres Aussehens, ihres Formats und des Leistungsangebots. Böswillige Zungen verunglimpften den Käfer als „Hitler´s Car“. Das Signet „Hitlers Auto“ bedeutete vorerst den Image-GAU. Daran konnte auch das Engagements Heinrich Nordhoffs wenig ändern, der 1949 mit zwei Autos in die Vereinigten Staaten gereist war. Die Zöllner hielten die Zeichnungen des Käfers in Nordhoffs Gepäck für moderne Kunst, die es extra zu verzollen galt. Bis 1953 verkaufte der erste US-amerikanischen Importeur Max Hoffman gerade 2173 Käfer.

Das war einerseits für Volkswagen zu verschmerzen, weil Absatzprobleme gänzlich unbekannt waren, doch im Interesse von Devisen war die

Der wichtigste Exportmarkt waren die USA. Auch wenn Importeur Max Hoffman maßgeblich zu den guten Zahlen beitrug, entschloss sich Nordhoff, Ende 1953 eine eigene VW-Filiale zu eröffnen, deren Leitung ab 1959 Carl Hahn übernahm, seinerseits ab 1982 Konzernchef in Wolfsburg.

Steigerung des Verkaufs in Amerika unumgänglich. 1954 fiel die Entscheidung in Wolfsburg, Nägel mit Köpfen zu machen und ein eigenes Tochterunternehmen in den Vereinigten Staaten zu etablieren.

Am 27. Oktober 1955 gründete Volkswagen in Newark, westlich von New York im Bundesstaat New Jersey gelegen, die „Volkswagen of America, Inc." (VWoA) als Vertriebsgesellschaft für die beiden Baureihen Limousine und Transporter. Angesichts der Größe des Landes mit vier Zeitzonen plus zwei weiteren für Alaska und Hawaii, war es ratsam, Verkaufsbüros an der Westküste in San Francisco und in New York für die Ostküste einzurichten. Die Verantwortlichen bei VWoA legten einen Schwerpunkt ihrer Tätigkeit auf die konsequente Auswahl der Handelspartner. Im Gegensatz zu Deutschland, wo bis zum Fall der Gruppenfreistellungsverordnung des Kraftfahrzeuggewerbes am 31. Juli 2002 durch die EU das Gros der Autohäuser exklusiv eine Marke mit einem geschützten Vertriebsgebiet anbot, waren und sind in Amerika Händlerbetriebe üblich, die mehrere Marken vertreten. Für den Verkauf von Käfern und Transportern konnten sich jedoch nur solche Händlerbetriebe in den Vereinigten Staaten qualifizieren, die in der Lage waren, die hohen Standards an Service und Kundenbetreuung der VWoA zu garantieren, die dem Volkswagen einen zusätzlichen Produktvorteil sichern sollten.

Bereits zum Jahresende 1955 hatten sich US-weit 15 Groß- und 136 normale Händler etabliert. Die Währungsparität zwischen D-Mark und US-Dollar fiel zu jener Zeit erheblich zu Gunsten des Dollar aus. Der Exportkäfer kostete 1545 Dollar und war damit das preiswerteste Auto auf dem amerikanischen Markt. Professionell organisiert setzte der Verkauf von Käfern sprunghaft an. Die Amerikaner erwarben 1955 bereits 25.000 „Beetle", wie der Käfer zwischen New York und San Francisco genannte wurde.

Auf dem größten Automarkt der Welt mit seinen rund 50 Millionen Autos Mitte der Fünfziger, tickten die Uhren schon immer anders. Die Haltung der meisten Amerikaner zu ihrem Auto bestimmt seit jeher weniger der Drang nach Status und Außendarstellung, das Auto stellt in erster Linie einen Gebrauchsgegenstand dar. Innerhalb einer Familie sollte möglichst jedes mindestens halbwüchsige Familienmitglied über einen eigenen Wagen verfügen. Da bot sich der Käfer als günstiger Zweitwagen für die Ehefrau genauso an wie als erstes Auto für den Nachwuchs, zumindest in den etwas besser situierten Vorstädten amerikanischer Metropolen. Der populärste Vertreter der Mittelklasse, der Chevrolet „Bel Air", 1955 ganz neu vorgestellt, kostete mit 115 PS starkem Sechszylinder als viertüriger Sedan ab 1932 Dollar. Das Modell „Century 60 Riviera Hardtop Sedan" der GM-Division Buick mit 238 PS starkem 5,3-Liter-V8 war für 2733 Dollar wohlfeil. Alleine vom Bel Air kauften die Amerikaner 1955 in seinen verschiedenen Karosserievarianten 767.955 Exemplare.

Obwohl der Preis des Käfers in den Vereinigten Staaten bis 1961 auf 1595 Dollar stieg, blieb er das erfolgreichste Importauto. 1957 vertrieben bereits 327 amerikanische Händler den Volkswagen und verkauften mehr als 150.000 Autos. 1958 brachte jeder VW-Händler in den USA im Durchschnitt 246 neue Autos an den Kunden beziehungsweise die Kundin und stellte damit den Rekord als erfolgreichste Verkaufsorganisation aller in den USA verkauften Marken ein, indem sie mit ihren Kollegen von Chevrolet gleich zogen. Die Qualität der Autos und die engagierte Handels- und Serviceorganisation polierten nicht nur das Image von Volkswagen Jahr für Jahr strahlender auf, sondern standen ganz allgemein für „deutsche Wertarbeit, Made in Germany". Der Begriff von „Hitler´s Car" war längst in Vergessenheit geraten.

Der Export boomt: Schiffsverladung von fabrikneuen Käfern im Jahre 1965.

Doch die Vereinigten Staaten waren nicht das einzige Land auf dem amerikanischen Kontinent, das als Exportmarkt für VW in den frühen Fünfzigern attraktiv schien. Im Rahmen einer fünfwöchigen Amerikareise hatte Heinrich Nordhoff auch südamerikanischen Staaten wie Panama, Ecuador, Chile, Peru und Venezuela seine Aufwartung gemacht. Die überwiegend schlechten, in der Regel unbefestigten Straßen in diesen Ländern konnte der Käfer mit seiner großen Bodenfreiheit und dem durchgehend geschlossenen Unterboden, der Motor und Fahrwerk schützte, ausgezeichnet kompensieren.

Untersuchungen hatten bereits 1949 Brasilien als das Land in Südamerika bezeichnet, das sich am besten für den Aufbau einer eigenen Autoindustrie eignete. Vertreter der brasilianischen Unternehmensgruppe Monteiro Aranha waren mit dieser Expertise nach Wolfsburg gereist, um mit der Geschäftsführung von Volkswagen über eine gemeinsame Unternehmung zu verhandeln. VW und Monteiro Aranha gründeten eine gemeinsame Firma, die „Bras-Motor", an der Volkswagen 80 Prozent der Anteile hielt.

Die geschäftlichen Aktivitäten der „Bras-Motor" begannen mit den traditionellen Aufgaben eines Importeurs, dem Aufbau eines Vertriebs und des Kundendienstes. Das Manko an Brasilien als Importmarkt war die dürftige Ausstattung des Landes mit Devisen. Es stellte sich schnell heraus, dass die Lieferung ganzer Autos nach Südamerika für Volkswagen kein profitables Geschäft sein würde.

Den Ausweg lieferte eine Montage von Autos, die in Kisten voller Einzelteile geliefert wurden, „Completely Knocked Down", wie diese Puzzles in der Fachsprache genannt werden. VW startete im September die Lieferung der CKD-Käfer nach Brasilien. Wie aller Anfang war auch dieses Geschäft in den ersten Jahren mühsam. Gaben bis zum Jahresende 1950 die 324 montierten Käfer Anlass zu vorsichtigem Optimismus, so brach das Geschäft 1951 mit nur 36 Autos praktisch komplett ein. 1952 wurden es wieder 108 Autos. Danach stiegen die Zahlen behutsam aber stetig weiter an. Bis 1957 montierten die brasilianischen Partner 2268 Käfer und 552 Transporter, die von bereits 66 Servicebetrieben betreut wurden.

Um das Geschäft langfristig auf eine solide Grundlage zu stellen, gingen die Verantwortlichen bei VW ab 1956 daran, auch in Brasilien Nägel mit Köpfen zu machen. Die „Volkswagen do Brasil" erhielt eine umfangreiche Kapitalausstattung sowie eine eigene Finanzierungsgesellschaft. Gleichzeitig begann der Bau eines Montagewerks in Sao Bernardo do Campo. Die Stadt mit rund 773.000 Einwohnern am südlichen Rand der Megametropole Sao Paolo hatte sich als Zentrum der Schwerindustrie in Brasilien etabliert und bot die besten Voraussetzungen für die Ansiedlung einer Produktionseinrichtung. Volkswagen do Brasil erwarb ein Gelände mit der Größe von 229.620 Quadratmetern und begann mit der Errichtung des Werks. Am 7. Januar 1959 rollte der erste Käfer, komplett aus einheimischen Teilen gefertigt vom Band der neuen Produktionsstätte. Ein VW

Ein Käfer erobert Mittelamerika: Im November 1967 nahm das Werk in Puebla die Fertigung auf. Vier Jahre später bekam Mexiko-City die ersten 500, speziell umgebauten Käfer-Taxis (ohne Beifahrersitz). Anfang dieses Jahrtausends waren in dem mittelamerikanischen Staat noch mehr als 80.000 so genannte Mexiko-Taxis auf den nicht immer komfortablen Straßen unterwegs.

1200, dessen Motor 36 SAE-PS leistete. Nicht dass Volkswagen ausgerechnet den Brasilianern mehr Power für den Käfer spendiert hätten, die Leistungsangaben eines Motors in SAE-PS (SAE: Society of American Engineers) fallen höher aus, weil bei der Berechnung der Motorleistung die Nebenaggregate nicht berücksichtigt werden.

Durch die brasilianische Fertigung konnte der „Fusca“, wie die Südamerikaner ihren Käfer nannten, eine eigene Entwicklung im Vergleich zu seinen deutschen Artgenossen nehmen. Die brasilianischen Techniker passten ihn den Erfordernissen des heimischen Marktes an. Das hieß in diesem Fall, die Neuerungen am deutschen Käfer zu reduzieren und das Auto mehr auf seinem ursprünglichen Entwicklungsstand zu belassen, mit kleineren Fenstern. Bis Ende 1966 baute Volkswagen do Brasil 418.487 Fusca.

Auch der brasilianische Käfer entwickelte sich schnell zu einem Exportschlager. Volkswagen do Brasil exportierte nach Chile, Zaire und Saudi-Arabien. Außerdem belieferten die Brasilianer andere Märkte wie Nigeria, Peru, Venezuela oder die Philippinen mit Montagesätzen für den Käfer.

Seine Premiere als erster im Ausland montierter Käfer feierte der Volkswagen jedoch nicht in Brasilien, sondern in Irland. „Motor Manufacturers Ltd“ baute im Oktober 1950 den ersten CKD-Käfer überhaupt. Bis zum Ende des Jahres folgten 56 weitere. Schließlich registrierte die Statistik bis 1977, als die Montage eingestellt wurde, 79.380 Käfer.

Während der Käfer von Produktionsrekord zu Produktionsrekord eilte, fremde Märkte eroberte und weltweit für den Bau neuer Produktionsstätten sorgte, fand in seiner Heimat eine schleichende Veränderung der Autolandschaft statt. Bis zu seinem Produktionsjubiläum mit fünf Millionen Einheiten, hatte sich der Käfer in Deutschland praktisch in einem konkurrenzfreien Raum bewegt. Doch nun präsentierten die Mitanbieter neue Fahrzeuge, die es genau auf das Segment des Käfers abgesehen hatten, jedoch in ihrer technischen Konzeption mehr als 20 Jahre jünger waren.

So feierte Opel 1962 sein 100-jähriges Firmenjubiläum mit einem ganz neuen Modell. Der Kadett war mit einer modernen Ponton-Karosserie das verkleinerte Abbild des bereits erfolgreichen Rekord. Mit seinem Vorgänger, der zwischen 1937 und 1941 in einer Auflage von 197.000 Exemplaren entstanden war, hatte der neue Kadett nur den Namen und das Marktsegment gemeinsam. Der Opel verfügte über einen Vierzylinder mit 993 cm^3 Hubraum, der 40 PS bei 5000/min, beziehungsweise 48 PS bei 5400/min leistete. Obwohl der Kadett mit einer Länge von 3990 Millimetern acht Zentimeter kürzer als der Käfer war, hatte er im Innenraum mehr Platz und vor allem eine hellere, übersichtlichere Karosserie. Bei identischen Verbrauchswerten von rund acht Litern auf 100 Kilometer bot der Kadett jedoch wesentlich munterere Fahrleistungen, wie die Höchstgeschwindigkeiten von 120 beziehungsweise 133 km/h (48 PS) unterstreichen. Opel hatte für die Fertigung des Kadett ein neues Werk in Bochum errichtet und gleich drei Karosserievarianten entwickelt. Eine zweitürige Limousine, erstmals einen Kombi in der Klas-

Im Jahre 1962 präsentierte Opel mit dem modernen Kadett den ersten echten Konkurrenten für den Käfer. Mit 5075 Mark für die Stufenheckversion lag man nur unwesentlich über dem Käferpreis. Bei den Kunden kam der neue Rüsselsheimer so gut an, dass Opel bereits nach zwei Monaten den 10.000sten Kadett fertigte, nach neuen Monaten lief bereits das 100.000ste Exemplar vom Band.

se und ein Coupé. Alle drei Varianten waren mit beiden Motorversionen verfügbar. Die Preisliste begann bei 5075 Mark für die zweitürige Limousine und endete bei 5775 Mark für das 48 PS starke Coupé. In der gut dreijährigen Bauzeit der Modellreihe bis Ende 1965 entstanden 649.512 Kadetten.

Auch Ford hatte sich ins Zeug gelegt, um dem Käfer endlich Paroli bieten zu können. Der vollkommen neu entwickelte Taunus 12 M, den die Kölner 1962 vorstellten, bot die gleiche Karosserievielfalt wie der Kadett – wobei die Limousine sowohl mit zwei, als auch mit vier Türen erhältlich war – und gleich drei Leistungsstufen des neuen V4-Motors mit 40, 50 und 55 PS. Der Taunus stellte mit 4248 Millimetern Länge das stattlichste Auto seiner Klasse dar, für das der Kunde mindestens 5480 Mark bezahlen musste. Bis 1966 baute Ford den Taunus 12 M in einer Auflage von 672.629 Fahrzeugen.

Verglichen mit den Produktionszahlen des Käfers waren die Stückzahlen von Opel Kadett und Ford Taunus noch immer recht überschaubar. 1962 baute Volkswagen alleine in Deutschland 819.326 Käfer, 1963 waren es 775.405, 1964 bereits 867.328 und 1965 fiel mit 1.008.983 Käfern die Grenze von einer Million aus deutscher Produktion innerhalb eines Jahres. Der Käfer hatte sich derart gut etabliert und überzeugte unvermindert mit seiner großen Zuverlässigkeit und den geringen Aufwendungen für Wartung und Unterhalt, dass er alleine deshalb schon für viele Kunden die erste Wahl war. Außerdem wuchs der Markt für Neuwagen in der Bundesrepublik und auf den wichtigsten Exportmärkten, so dass praktisch alle Anbieter stetige Steigerungen ihrer Produktion verzeichnen konnten. Doch mit jedem neuen Fahrzeugkonzept des Wettbewerbs wurde der Käfer ein Stückchen älter.

Die schnell wachsende Motorisierung zeigte indes auch ihre Schattenseiten. Die Unfallzahlen stiegen rapide und fachten die Diskussionen um die Einführung einer Geschwindigkeitsbegrenzung an. In den ersten sechs Monaten des Jahres 1961 hatte es in der Bundesrepublik bereits über 500.000 Mal gekracht. Seit 1950 hatten bereits 143.000 Menschen ihr Leben auf westdeutschen Straßen verloren. Trotzdem feierten Deutschlands Autobauer eine scheinbar endlos andauernde Party, weil sie mit 1,9 Millionen Autos hinter die Vereinigten Staaten bereits an die zweite Stelle der Autoproduzenten in der Welt geklettert waren, die ihre führende Stellung noch immer mit 5,5 Millionen Neuwagen behaupteten.

Das Konzept eines „Volkswagens" verfolgten auch Hersteller in anderen Ländern. Eine besonders zeitgemäße und gelungene Interpretation des Themas präsentierte Renault 1961 mit dem

Der Arbeitskräftemangel im Wirtschaftswunder lockte zahlreiche „Gastarbeiter" aus Südeuropa nach Wolfsburg. Ab 1962 zogen die 4000 ausländischen Arbeitskräfte in die Stadt ein. Außerdem reagierte VW mit neuen, hochmodernen Fertigungsstraßen auf den Personalmangel. Die Belegschaft im Werk Wolfsburg belief sich Ende 1963 auf 43.722 Mitarbeiter.

R4. Mit Frontantrieb und Einzelradaufhängung bot das französische Auto modernste technische Zutaten im Fahrzeugbau. Mit vier Türen und einem Steilheck mit Heckklappe bot der Renault ein überzeugendes Raumangebot für vielfältigen Nutzen, das deutlich besser als das des Käfers war, obwohl der R4 nur 3660 Millimeter in der Länge maß. Mit 26 PS aus einem 747-Kubikzentimeter-Reihenmotor war der nur 600 Kilo schwere Renault ausreichend motorisiert. 1966 feierte Renault die erste Millionen bei der Produktion des R4, bis zur Einstellung der Baureihe 1992 entstanden rund acht Millionen Einheiten.

1962 sah sich Volkswagen wie viele andere deutsche Industriebetriebe oder Bauunternehmen mit einem Problem konfrontiert, das aus dem unverändert rasanten Wachstum des Wirtschaftswunders entstanden war. Es fehlten Arbeitskräfte. Um die Tagesproduktion in Wolfsburg von 4000 auf 4500 Einheiten zu steigern, wurden rund 4000 neue Mitarbeiter benötigt. Die konnten nur außerhalb der Bundesrepublik angeworben werden. Am besten in den armen Regionen Europas mit hoher Arbeitslosigkeit und fehlender wirtschaftlicher Perspektive. Ein neuer Begriff fand Eingang in den deutschen Sprachgebrauch: der Gastarbeiter.

Ein heikler Begriff, denn es waren nur ein paar Jahre vergangen, seit die Deutschen während des Krieges Fremdarbeiter meist gewaltsam herangezogen hatten, um Personallücken in der Produktion und in der Landwirtschaft zu schließen. Der Mangel an Arbeitskräften, den bereits 1946 Ivan Hirst bei Volkswagen registriert hatte, begleitete den Aufbau der bundesdeutschen Wirtschaft nach dem Krieg von Anfang an. Zu viele Männer waren im Krieg getötet oder so schwer verwundet worden, dass eine dauerhafte Behinderung ihre Arbeitsfähigkeit einschränkte. Dazu kamen die Verfolgten des Nationalsozialismus, die entweder ermordet worden oder außer Landes geflüchtet waren und somit ebenfalls das Arbeitskräftepotenzial spürbar einschränkten.

Zuerst begann der deutsche Bergbau, sich um fremde Arbeitskräfte zu bemühen, indem er sich in Österreich nach vertriebenen Kumpeln aus Siebenbürgen umsah. Die ersten Überlegungen des Bundeswirtschaftsministeriums, Anfang der Fünfziger Arbeiter in Italien anzuwerben, stießen bei deutschen Unternehmern noch nicht auf große Begeisterung, weil die eine nicht ausreichende Arbeitsleistung bei den potenziellen neuen Mitarbeitern vermuteten und, was noch schlimmer wog, die Verbreitung von kommunistischem Gedankengut befürchteten. Die italienische Regierung warb ab 1953 für ihre Landsleute – mit dem Kalkül, etwas für den Abbau ihres Handelsbilanzdefizits tun zu können. Gegen die Position seines Kabinettskollegen, Arbeitsminister Anton Storch (1892-1975), der auf deutsche Arbeitslose aus strukturschwachen Gebieten setzte, schob Wirtschaftsminister Ludwig Erhard 1954 mit einer gezielten Kampagne in der Presse die öffentliche Diskussion zum Thema Gastarbeiter an. Die Bundesregierung änderte 1955 offiziell ihre Haltung, weil am 5. Mai die Bundeswehr gegründet worden war und die geplante Wehrpflicht weitere Arbeitskräfte binden würde.

Schließlich wurde es ab Mitte der Fünfziger besonders für Automobilhersteller oder Unternehmen der Montanindustrie immer schwieriger, die notwendige Zahl an Mitarbeitern zu finden. 1955 begannen die ersten Anwaltsbüros im europäischen Ausland im Rahmen bilateraler Anwerbeabkommen Mitarbeiter für die deutsche Industrie zu rekrutieren. Die ersten Arbeiter, die für die Aussicht auf eine ordentlich bezahlte, halbwegs annehmbare Beschäftigung bereit waren ihre Heimat zu verlassen, waren Italiener, Spanier, Jugoslawen und vereinzelt Griechen. 1960 kamen die ersten Türken und Portugiesen in die Bundesrepublik. Die Begrüßung des ein-

Die selbstironischen Anzeigenkampagnen der Düsseldorfer Werbeagentur DDB für den Käfer revolutionierten ab Ende der 1960er Jahre die gesamte Werbebranche und erlangte Kultstatus.

Rechte Seite: VWs Antwort auf die Herausforderung aus Rüsselsheim erschien 1965: Der „große Käfer" war nun auch mit 1600er Motor zu bekommen, der mit mehr Drehmoment glänzen konnte. Ab 1968 gab es sogar die Einspritzvarianten 1600 LE und TLE.

millionsten Gastarbeiters in Deutschland, der 1964 aus Portugal gekommen war, feierte die Wirtschaft öffentlichkeitswirksam mit der Übergabe eines Mopeds als Geschenk. Im September 1971 waren zehn Prozent der Arbeitnehmer in der Bundesrepublik Gastarbeiter. Erst die Öl- und Wirtschaftskrise von 1973 bewirkte ein Ende der Anwerbungen von Gastarbeitern.

1962 hatte das Bruttosozialprodukt der Bundesrepublik 6000 D-Mark pro Kopf der Bevölkerung erreicht. Die boomende Wirtschaft erleichterte der Bundesregierung die Begleichung des Kriegs- und Lastenausgleichs, die in jenem Jahr die Summe von 46,9 Milliarden Mark, mithin die Hälfte der berechneten 90 Milliarden, überschritten hatte. Die Welt schien in allen Bereichen größer und bunter zu werden. Die Kinos lockten die Bundesbürger zu Millionen mit monumentalen Verfilmungen in Cinemascope wie „Cleopatra", „Lawrence von Arabien" oder „Der Leopard". Die Welt im Kalten Krieg war aber auch viel gefährlicher geworden.

Im Oktober 1962 manövrierten sich die USA und die UdSSR an den Rand des dritten Weltkriegs, weil die Russen begonnen hatten, in Kuba atomare Mittelstreckenraketen zu stationieren, die direkt auf den Süden der Vereinigten Staaten zielten. Russlands starker Mann Nikita Sergejewitsch Chruschtschow (1894-1971) wollte die Schwäche des jun-

gen amerikanischen Präsidenten John F. Kennedy (1917-1963) ausnutzen, der im Jahr zuvor mit einer dilettantisch geplanten Invasion der CIA mit Exilkubanern in deren Heimat den neuen „Máximo Lider" Fidel Castro (geb. 1926) stürzen wollte und kläglich gescheitert war. Die beiden Supermächte schafften im letzten Moment noch die Wende. Ein gutes halbes Jahr später zeigte Kennedy an einem anderen Fanal des Kalten Kriegs Flagge, in dem er zur Freude einer ganzen Nation am 23. Juni 1963 zum Jahrestag des Mauerbaus, in deren Schatten zu Berlin bekannte: „Ich bin ein Berliner!"

Wie ein modernes Mittelklasseauto in den frühen Sechzigern aussehen sollte, hatte BMW auf der Internationalen Automobil-Ausstellung in Frankfurt 1961 gezeigt. Die Bayerischen Motorenwerke, bereits 1929 in den Autobau eingestiegen, hatten nach dem Krieg eine ambivalente Produktpalette aufgelegt. Auf der einen Seite standen prestigeträchtige Limousinen, Coupés und Cabriolets der Luxusklasse mit Sechs- und Achtzylindermotoren, die sich jedoch nie wirklich gegen die entsprechenden Modelle von Mercedes-Benz durchsetzen konnten und zwischen 1952 und 1965 nur 23.100 Mal gebaut wurden. Auf der anderen Seite standen Isetta und die Baureihe 700, Kleinst- und Kleinwagen, die im gleichen Zeitraum 161.728, beziehungsweise 188.121 Mal entstanden. Das unausgewogene Angebot hätte BMW fast in den Ruin getrieben, wenn nicht loyale Aktionäre und der neue 1500 die Wende gebracht hätten. Der wassergekühlte Reihenvierzylinder wies den gleichen Hubraum auf wie das gute alte Boxertriebwerk des Volkswagen 1500. Doch die Bayern bewiesen, was die Zutaten modernen Motorenbaus aus einem solchen Motor herausholen konnten. Der Vierzylinder mit einer obenliegende Nockenwelle, über Kette angetrieben, leistete 80 PS. Damit beschleunigte die 4500 Millimeter lange, elegante Limousine mit dem filigranen Dach in 16 Sekunden aus dem Stand auf Tempo 100 und erreichte eine Höchstgeschwindigkeit von 148 km/h. Zwar kostete der BMW mit 9485 D-Mark genau 3040 Mark mehr als der VW 1500, doch unterstrichen die 329.626 bis 1972 produzierten Fahrzeuge die Richtigkeit des Konzepts der „Neue Klasse"-Modelle. Sie bewiesen auch, dass es in der Mittelklasse inzwischen gerne etwas mehr sein durfte.

Am 26. Mai 1963 gab es in Wolfsburg wieder einmal Grund zum Feiern. Das Werk wurde 25 Jahre alt. Das Produktionsjahr endete wie gewohnt mit einem weiteren Rekord: 1.132.080 neue Volkswagen waren entstanden. Der 1500 war auf dem Markt ordentlich angenommen worden. Er trug zur Produktionsstatistik mit 181.809 Fahrzeugen bei. Dazu kamen noch 174.866 Transporter. Weil ab dem 1. Juli 1963 nur noch Blinker zum Anzeigen eines Richtungswechsels erlaubt waren, mussten viele Besitzer eines Käfers eine Werkstatt aufsuchen. Die beleuchteten Winker, die bei den Käfern der Fünfziger aus der B-Säule unterhalb des Dachs heraus klappten, mussten still gelegt werden. Vorne ließen sich die Blinkereinheiten einfach auf die Kotflügel schrauben. Hinten wurden neue Rückleuchten fällig, in die die Blinker integriert waren.

Die technischen Möglichkeiten, die im Konzept des Käfers steckten, baute Porsche auf dem Niveau

Oben: Die Fließheckversion, die ebenfalls 1965 erschien, sollte bei den Kunden einen schweren Stand haben.

Unten: BMW definierte 1961 eine neue Mittelklasse mit dem „1500". Der moderne, richtungweisende Reihenvierzylinder leistete 80 PS.

Felix Wankel (1902-1988) erfand den Kreiskolbenmotor, dereinst gefeiert als Zukunftstechnologie. Bekanntester Vertreter war der bei seiner Vorstellung 1967 avantgardistisch anmutende NSU Ro 80, der technisch wie formal nicht überzeugte und VW zwischen 1967 und 1977 wirtschaftlich einen Misserfolg einbringen sollte.

leistungsstarker Sportwagen konsequent aus. 1963 stellten die Zuffenhausener das erste komplett neu entwickelte Modell nach dem 356 vor, mit dem das Unternehmen 1947 begonnen hatte. Auch beim 911 sorgte ein luftgekühlter Boxermotor im Heck für standesgemäßen Vortrieb. Allerdings war der Motor auf zwei Liter Hubraum und sechs Zylinder angewachsen. 130 PS sorgten damals für atemberaubende Fahrleistungen. Der 911 erreichte aus dem Stand in 9,1 Sekunden Tempo 100 und schaffte eine Höchstgeschwindigkeit von 210 km/h. Schneller war kein anderes deutsches Serienauto unterwegs. Der 356 C, den Porsche noch einige Zeit parallel zum 911 fertigte, hatte es zuletzt immerhin auch auf 95 PS gebracht.

1877 hatte Nikolaus Otto seinen Viertakt-Verbrennungsmotor zum Patent angemeldet. Der Ingenieur Rudolf Diesel (1858-1913) hatte am 23. Februar 1892 beim Kaiserlichen Patentamt in Berlin seine „Neue rationale Wärmekraftmaschine" patentieren lassen, einen Viertaktmotor, der nach dem Prinzip der Selbstzündung arbeitete. Der Dieselmotor war bereits in den Zwanzigern der 20. Jahrhunderts der Standardantrieb für Nutzfahrzeuge und etablierte sich nach dem Zweiten Weltkrieg auch zunehmend im Pkw. Sollte Anfang der Sechziger wieder ein Tüftler und Erfinder aus Deutschland kommen, der den Verbrennungsmotor revolutionierte?

1964 ging der Kreiskolbenmotor von Felix Wankel (1902-1988) in Serienproduktion. Der technische Charme dieses Motors lag in der geringen Anzahl bewegter Teile, da beispielsweise der konventionelle Ventiltrieb des Viertakters überflüssig war. Darüberhinaus erzeugte der Kreiskolben eine direkte Drehbewegung auf die Antriebswelle. NSU vollzog 1964 die Pioniertat, den ersten Wankelmotor in ein Serienauto zu montieren. Im hübschen zweisitzigen Spider leistete der Einscheiben-Motor 50 PS. In der ganzen Welt stürzten sich Autohersteller auf das neue Antriebskonzept wie Betrunkene auf einen sauren Hering. In kurzer Zeit verkaufte Felix Wankel 28 Lizenzen in die ganze Welt. Von Alfa Romeo bis Daimler-Benz, von Rolls-Royce bis Porsche. Volkswagen gehörte zu den wenigen Autobauern, die sich nicht am Abenteuer Wankel beteiligten. Ins Heck eines Käfers gehörte ein luftgekühlter Boxer. Basta.

Das Spiel mit dem Wankel bekam NSU auf die Dauer nicht. Daran änderte auch der revolutionäre Ro 80 nichts, der ab 1967 mit einem 115 PS starken Zweischeiben-Wankelmotor die gehobene Mittelklasse mit 180 km/h Höchstgeschwindigkeit aufrollen sollte. Probleme mit der Technik und den für den Motor verwendeten Materialien führten in der Anfangszeit immer wieder zu kapitalen Motorschäden, die jedoch kulant behoben wurden. Auch die weitere Entwicklung mit standfesten Materialien für die Dichtleisten im Motor änderte nichts daran, dass der Ruf des Ro 80 ruiniert blieb, was den Hersteller schließlich in die Knie und in die Arme des Volkswagenkonzerns zwang. Der Ro 80 brachte es bis zur Einstellung der Fertigung im Jahr 1977 gerade auf 37.390 Einheiten.

Richtig froh wurde mit dem Wankelmotor niemand. Technische Probleme wie die Abdichtung des Brennraums konnten zwar gelöst werden, doch die in letzter Konsequenz mangelnde Ausgereiftheit der avantgardistischen Technik sorgte dafür, dass sich auch hartnäckige Fans abwandten. Lediglich Mazda schaffte es, dem Kreiskolbenmotor technisch so weit auf die Sprünge zu helfen, dass er zuverlässig und langlebig wurde. Den viel zu hohen Verbrauch bekamen auch die Japaner nicht in den Griff. Freilich bedient der Hersteller aus Hiroshima unbeirrt die Autowelt mit dem sportlichen RX-8, der seit 2002 mit 191 und 231 PS das Fähnlein des Kreiskolbenmotors hochhält.

Oben: Audi brachte nach der Übernahme durch Volkswagen 1965 mit dem Modell 60 frischen Wind in das Konzernangebot.

Rechts: Inzwischen wurde der Käfer nicht nur in Wolfsburg produziert, sondern auch an den Standorten Hannover, Kassel, Braunschweig und Emden. Das 10.000.000ste Exemplar feierte seine Fertigstellung 1965.

Wer als deutscher Autofan am Steuer seines Käfers 1964 standesgemäß träumen wollte, gab sich nach dem Filmspektakel „Goldfinger" wilden Phantasien hin, in denen ein Aston Martin DB5 mit 286 PS eine zentrale Rolle spielte.

1965 feierte Volkswagen fleißig weitere Rekorde: am 15. September den Bau des 10.000.000ste Käfers beispielsweise. Auch die allgemeine Produktionslage gab dazu Anlass, die Sektkorken knallen zu lassen. 1.317.295 neue Autos wurden es in diesem Jahr. Doch auch für andere Rekorde war Volkswagen gut. Die Mitarbeiter, die in den deutschen Werken an Käfer, Transporter oder VW 1500 arbeiteten, bekamen die höchsten Stundenlöhne in der deutschen Autoindustrie. 4,76 Mark gab es für den Mann am Band pro Stunde. Ford zahlte 4,42 D-Mark und Opel 4,35 D-Mark. Im Durchschnitt verdiente 1964 ein Arbeiter in Deutschland 4,16 D-Mark pro Stunde. Der Erfolg des Käfers bescherte VW übrigens auch den inoffiziellen Titel „Größter Autohersteller in Lateinamerika". Dazu trugen 7000 neue Autos pro Monat aus dem Werk in Sao Bernardo do Campo in Brasilien bei.

Ein Jahr zuvor hatte Volkswagen den ersten Schritt zu einem Automobilkonzern vollzogen und von Daimler-Benz die Aktienmehrheit an der Auto Union und das Produktionswerk in Ingolstadt erworben. Um die neue Tochter nicht mit den wenig beliebten Markennamen „Auto Union" und „DKW" zu belasten, brachte VW das erste neue Auto unter seiner Regie als „Audi" auf den Markt. Unter diesem Namen hatte es zwischen 1910 und 1938 eigenständige Automobile gegeben, 1932 war Audi jedoch in der Auto Union aufgegangen. Die noch als DKW F 102 entwickelte Mittelklasselimousine erschien nun als Audi 72 mit einem 72 PS starken Vierzylinder für 7700 Mark. Mit diesem Modell begab sich Audi von Beginn an in die Erfolgsspur und entwickelte sich schnell zum zweiten Standbein des Konzerns.

Opel hatte 1965 beim wichtigsten Konkurrenten des Käfers nachgelegt. Die Rüsselsheimer präsentierten die zweite Generation des Kadett, wieder in drei Karosserievarianten. Die Motoren leisteten 45, 55 und 60 PS. Die Preisliste begann bei 5170 D-Mark.

1965 entspannten die Deutschen abends vor 10,7 Millionen Fernsehgeräten. Gegenüber 1960 hatte sich die Zahl der Computer mit 2000 Stück in der Bundesrepublik fast verzehnfacht. Den Erdöldurst der Menschheit löschten 1,5 Milliarden Tonnen der vielseitigen Kohlenwasserstoffverbindung. Angesichts von 50 Milliarden gesicherten und 600 bis 2500 Milliarden vermuteten Tonnen machte sich noch niemand um den Rohstoff Gedanken und schon gar nicht in Zusammenhang mit Umweltproblemen. Die Belastungen durch Autoabgase in großen Metropolen wurden jedoch bereits sichtbar. In Tokio wurden angeblich Vögel beobachtet, die wegen des allgegenwärtigen Smogs tot von Himmel fielen.

Die Waren- und Urlauberströme, die sich Jahr für Jahr länger an den Alpenübergängen stauten, machten aufsehenerregende Verkehrsbauten erforderlich. 1963 eröffnete bei Innsbruck die 190 Meter hohe und 785 Meter lange Europabrücke, die für freie Fahrt auf der Brennerautobahn sorgte. Ein Jahr später durchstieß ein 5798 Meter langer Tunnel den Großen Sankt Bernhard und verkürzte die Fahrt zwischen dem Schweizer Kanton Wallis und dem italienischen Aosta und 1965 eröffnete der bis dahin längste Straßentunnel der Welt, der mit 11,96 Kilometer Länge unter dem Mont Blanc hindurch nach Süden führte.

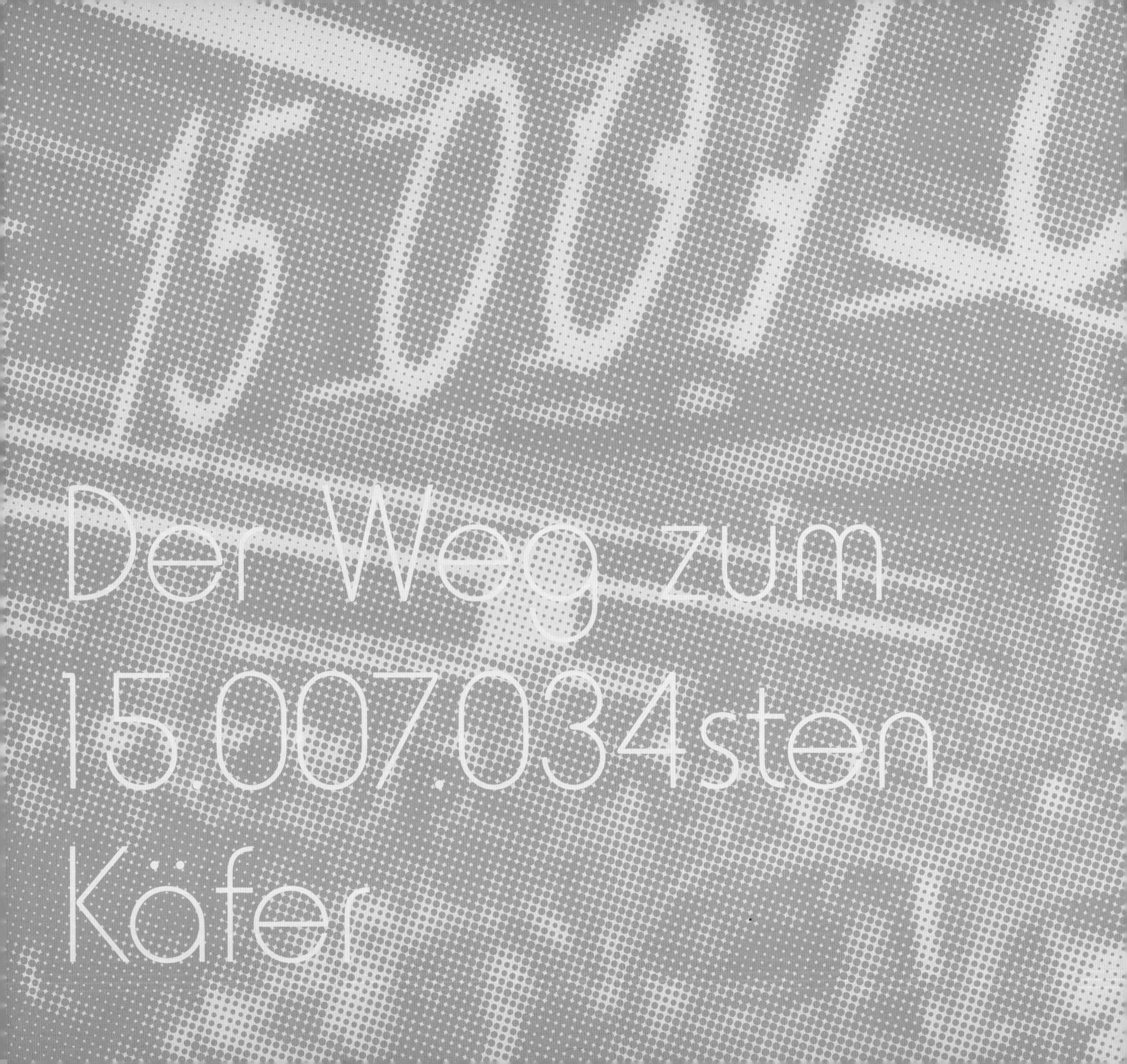

Der Weg zum 15.007.034sten Käfer

7. Der Weg zum 15.007.034sten Käfer

Der Käfer 1965: 20 Jahre alt und kein bisschen greise. Die Modellpflege betraf vor allem das Exportmodell, das ab jetzt VW 1300 hieß. Das neue Triebwerk mit 1285 ccm Hubraum entwickelte 40 PS.

Das Wunder der Wirtschaft förderte in den 1960er Jahren zunehmend den technischen Fortschritt und damit auch das Streben nach immer mehr Leistung. Während der Käfer 1966 mit Einführung des VW 1300 eine sehr moderate Leistungssteigerung um 6 PS auf nunmehr 40 PS erfahren hatte, brachte BMW den 1600-2 mit 85 PS. Opel legte beim Rekord 2200 mit 95 PS und Audi mit dem Super 90 mit 90 PS nach. Nachdem Mercedes-Benz den 250 SL mit 150 PS präsentiert hatte, erhöhte auch Porsche im gleichen Jahr die Leistung des 911ers, der als 911 S nun 160 PS mobilisierte.

Kein Hersteller verkaufte 1967 in Dänemark so viele Autos wie Volkswagen. 10.480 neue VW – überwiegend Käfer – erwarben die nördlichen Nachbarn binnen Jahresfrist. Das scheinbar grenzenlose Wachstum der Autoindustrie erhielt jedoch erstmals seit der ersten Suezkrise 1956 einen nachhaltigen Dämpfer. Wieder war der schwelende Konflikt zwischen Israel und seinen arabischen Nachbarn Schuld an der weltpolitischen Entwicklung. Während die Russen Israels arabische Nachbarn Ägypten und Syrien hochgerüstet hatten, hatte sich der 1948 gegründete Staat der Juden dank massiver Unterstützung der USA zur militärischen Großmacht entwickelt. Am 5. Juni 1967 begann Israel mit einem Präventivkrieg. Die Streitkräfte des Landes fügten innerhalb von nur sechs Tagen Ägypten, Syrien und Jordanien eine vernichtende Niederlage bei. In diesem Konflikt entdeckten die arabischen Nationen erstmals das Öl als Waffe vor allem gegen diejenigen Staaten des Westens, die Israel unterstützten. Die arabischen Ölproduzenten boykottierten die Sympathisanten Israels. Sofort stiegen die Benzinpreise und lähmten die Kauflust der Autokunden auf der ganzen Welt.

Die weltweite Absatzflaute machte auch Volkswagen zu schaffen. Die Produktion sank erstmals seit 1947 im Vergleich zu einem Vorjahreszeitraum. Die Arbeitsplätze von 15.000 Beschäftigten standen zur Disposition. 1.162.258 Neufahrzeuge wies die deutsche Produktionsstatistik auf. Wobei der Käfer mit 818.889 Einheiten einmal mehr den Löwenanteil der Produktion bestritt. Insgesamt ging die Zahl der produzierten Neuwagen aus Deutschland 1967 um mehr als 600.000 auf 2,3 Millionen Fahrzeuge zurück. Bei Volkswagen gab es in den ersten drei Monaten des Jahres Kurzarbeit. Die Verantwortlichen setzten auf den VW 1200, der wieder in Produktion genommen und für 4485 Mark angeboten wurde. Doch auch der „Sparkäfer" war nicht in der

Kurt Lotz, vormals Vorstandsvorsitzender des Elektrokonzerns BBC und selbst Käfer-Fahrer, kam 1967 in den VW Konzern. Bereits im darauffolgenden Jahr übernahm er die Leitung von Volkswagen, da sein Vorgänger Nordhoff im April 1968 einem Herzinfarkt erlag.

Das Modelljahr 1966 bringt den VW 1500 mit einem 44 PS starken 1493 ccm-Motor und vorderen Scheibenbremsen.

Lage, den Abwärtstrend bei den Neuzulassungen zu stoppen. Die gingen im Lauf des Jahres um 40 Prozent zurück. Dazu verstopften 340.000 Autos die Lager, was Händler zu Rabatten von bis zu 500 Mark bewegte.

Im gleichen Jahr begann auch der Stern von Heinrich Nordhoff zu verblassen. Der charismatische und selbstbewusste VW-Chef fetzte sich öffentlich mit Finanzminister Franz-Josef Strauß (1915-1988). Der bayerische Politiker und der Wirtschaftskapitän aus dem Norden waren sich seit jenen Zeiten nicht mehr grün, als Strauß in seiner Funktion als Verteidigungsminister Nordhoff vergeblich zu überreden versucht hatte, mit Volkswagen wieder in die Produktion von Rüstungsgütern einzusteigen. Strauß ätzte nun in „Bild", dass Volkswagen geschlafen und seine Position nicht ausgenutzt habe, führende Entwickler an sich zu binden, um neue, zeitgemäße Produkte zu schaffen. Der unermüdliche Einsatz, das Alter und die Auseinandersetzung mit Strauß hatten sich negativ auf Nordhoffs Gesundheit ausgewirkt. Bereits im Mai 1967 von einem Herzinfarkt niedergeworfen, hatte er sein Ausscheiden als Vorstand von Volkswagen für den 31. Dezember 1968 angekündigt.

Auf der Suche nach einem Nachfolger für Heinrich Nordhoff war Eile geboten. Fündig wurden die Verantwortlichen bei Kurt Lotz, dem damaligen Vorstandsvorsitzenden von BBC, dem schweizerischen Elektrikkonzern Brown, Boveri und Cie. Lotz trat seinen Dienst bei Volkswagen am 6. Juni 1967 als stellvertretender Vorsitzender der Volkswagen AG an. Der Personalfahrplan an der Spitze des Konzerns war spätestens am 12. April 1968 Makulatur, als Heinrich Nordhoff einem weiteren Herzinfarkt erlag.

Im gleichen Jahr schienen die Einbrüche von 1967 fast wieder vergessen zu sein. VW erzielte mit 1.548.933 Einheiten einen neuen absoluten Produktionsrekord seiner einheimischen Werke und feierte den Bau des 10.000.000sten Käfers. Der zeigte sich in seinem 23. Produktionsjahr attraktiv wie selten zuvor. Zum ersten Mal seit 1965 übersprang die Produktion des Käfers wieder die Grenze von einer Million Einheiten. Und zwar um genau 55.529 Stück. Das lag nicht zuletzt daran, dass er einige technische Modifikationen erfahren hatte. 1965 war als Nachfolger des 1200-Exportmodells der VW 1300 erschienen. Mit der Kurbelwelle des 1500 und größeren Einlassventilen ausgerüstet stieg die Leistung auf 40 PS. Nun war der Käfer maximal 122 km/h schnell. Allerdings war auch der Verbrauch gestiegen. Auf nunmehr 9,5 Liter pro 100 Kilometer. Im Jubiläumsjahr 1967 stellte Volkswagen den Käfer sogar als „Super-Käfer" mit dem Motor des VW 1500 vor. Nun leistete der stärkste Käfer aller Zeiten 44 PS für 128 km/h Dauerspitzengeschwindigkeit. Dafür musste ein Interessent 5385 D-Mark auf den Tisch des Händlers blättern.

Dennoch gab die Entwicklung des Fahrzeugmarkts in Richtung immer leistungsstärkerer Model-

Lotz übernahm als Erbe den VW 411, der 1968 erschien. Vier Jahre Entwicklungsarbeit und 250 Millionen Mark verschlang der Typ 4 – und trotzdem konnte sich VW mit diesem Modell nur schwer im angestrebten oberen Segment der Mittelklasse behaupten.

le vor allem in der Mittelklasse den Verantwortlichen in Wolfsburg zu denken. Zumal das Segment auch die größten Wachstumsraten aufwies, konnte die Gefahr, dass Volkswagen die Felle langsam wegschwammen, allmählich nicht mehr ignoriert werden. Im Schatten der Käfer-Monokultur segelte auch der VW 1500 weiter dahin, aber schon in den frühen Sechzigern war die Entscheidung gefallen, ab 1968 eine weitere Modellreihe oberhalb des 1500 zu etablieren.

War der 1500 noch eine Entwicklung, die technisch als Variante des Käfers durchgehen konnte, so handelte es sich beim neuen Modell, dem 411, der seine Weltpremiere bei der Internationalen Automobil-Ausstellung 1967 in Frankfurt feierte, um das erste Auto, das Volkswagen tatsächlich ganz neu entwickelt hatte. Der Radstand beim 411 wurde um 100 mm auf 2500 mm verlängert. Das ganze Auto war 4525 Millimeter lang. Das Fahrwerk bekam McPherson-Federbeine an der Vorder- sowie Einzelradaufhängung an Schräglenkern mit Schraubenfedern an der Hinterachse. Beim Antrieb blieb VW seiner Maxime treu: Boxermotor im Heck mit Antrieb auf die Hinterräder.

Das Potenzial, das im luftgekühlten Vierzylinder-Boxer steckte, wurde durch entsprechende Modifikationen erschlossen und schien auch für den 411 einen angemessen Antrieb zu ergeben. Mit auf 1679 cm^3 erweitertem Hubraum und zwei Fallstromvergasern von Solex entwickelte das Triebwerk 68 PS. Damit erreichte der 411 eine Höchstgeschwindigkeit von 145 km/h. Die Karosserie der Limousine mit schräg abfallendem Heck statt der klassischen Pontonform fand jedoch nicht die uneingeschränkte Anerkennung des Publikums – immerhin kostete der viertürige 411 bei seiner Einführung 8090 D-Mark. In den sechs Produktionsjahren entstanden 59.484 Autos, eine für Volkswagen exotisch kleine Stückzahl. Besser schlug sich da noch der 1969 vorgestellte Kombi, der natürlich den Beinamen „Variant“ trug. Mit 8355 Mark war er sogar 30 Mark günstiger als der viertürige 411 von 1969. Dennoch konnte auch der 411 Variant mit 119.118 Einheiten kein eigenes Kapitel in der Erfolgsgeschichte von Volkswagen schreiben.

Mit zehn Millionen Käfern ließ sich die Welt einmal komplett umspannen. 40.700 Kilometer Käfer Stoßstange an Stoßstange. Längst hatte sich der Volkswagen zu einer der bemerkenswertesten Erfolgsgeschichten im Automobilbau entwickelt. Das Wolfsburger Werk, ab 1938 als größte Autofabrik Europas errichtet, repräsentierte in den Augen mancher Zeitgenossen jenen Größenwahn, der als typisch für die Nationalsozialisten erachtet wurde. Trotzdem war bereits in den frühen Fünfzigern absehbar, dass selbst dieses riesige Werk die Nachfrage nach dem Volkswagen nicht würde befriedigen können.

Das Problem für das Volkswagenwerk hatte seinerzeit einen Namen und der lautete schlicht „Wolfsburg“. Bei der ehemaligen „Stadt des KdF-Wagens“ handelte es sich ja nicht um eine organisch gewachsene Stadt, sondern um eine riesige Siedlung,

Ende der Sechziger traten die Probleme bei VW durch die Abhängigkeit vom technisch veralteten Käfer deutlich zu Tage: Trotz groß angelegter Imagekampagnen blieben die Absatzzahlen für den 411 hinter den Erwartungen zurück.

die auf dem Reisbrett geplant, aber nie auch nur im Ansatz umgesetzt worden war. Ende 1953 war die Bevölkerung von Wolfsburg auf über 34.000 Einwohner angewachsen. 60 Prozent davon waren im Werk beschäftigt. Doch die Lebensumstände waren wenig anheimelnd. Wohnraum war unvermindert knapp, Begriffe wie Lebensqualität wurden mit kaum einer anderen Stadt in Deutschland so wenig in Verbindung gebracht. Wolfsburg konnte kaum Lockstoffe für den Zuzug neuer Bewohner und Mitarbeiter zum Wohle von Volkswagen verströmen.

Die Stadt Wolfsburg hielt einfach nicht Schritt mit der Entwicklung des alles beherrschenden Volkswagenwerks und der ständig erforderlichen Expansion. Somit war für die Verantwortlichen bei VW klar, dass neue Produktionsstandorte gefunden werden mussten.

Da Mitte der Fünfziger regelmäßig rund 3000 Mitarbeiter aus der Region Hannover nach Wolfsburg pendelten, schien es logisch, ein Gelände in Stöcken, einem nördlichen Vorort von Hannover, zu erwerben und dort einen neuen Produktionsstandort zu errichten. Kauf, Erschließung des Geländes und Bau der Fabrik waren ein gewaltiger Kraftakt, der es ermöglichte, bereits am 8. März 1956 den ersten Transporter vom Band laufen zu lassen. Ende des Jahres zählte das Werk bereits knapp 5000 Mitarbeiter. Um sich in Wolfsburg ganz auf die Fertigung des Käfers konzentrieren zu können, hatte VW die Transporter-Produktion nach Hannover verlegt.

Die aggressive Expansion, die Heinrich Nordhoff mit Volkswagen betrieb, erforderte einen derart großen Bedarf an Mitarbeitern, dass eine baldige Überforderung auch des Hannoveraner Arbeitsmarkts bereits absehbar war. Schließlich boomte nicht nur Volkswagen, sondern die ganze bundesdeutsche Wirtschaft. Und diese litt unter dem Aderlass an jungen Männern durch den Krieg und die Folgen der nationalsozialistischen Herrschaft.

Die Organisation der Fertigung mit immer spezielleren Maschinen ließ es sinnvoll erscheinen, die einzelnen Produktionsstandorte zu individualisieren. Hannover war für den Transporter zuständig, Wolfsburg für den Käfer. Der Raumbedarf für ein neues Presswerk machte es sinnvoll, die Fertigung der Motoren ganz aus Wolfsburg auszulagern und einem eigenen neuen Werk zu übertragen.

Bei der Wahl des Standorts entschieden sich die Verantwortlichen für Kassel. Einmal, weil die Entfernungen zu den Montagestätten in Hannover und Wolfsburg vertretbar schienen, andererseits, weil die mit knapp 200.000 Einwohnern nach Frankfurt und Wiesbaden drittgrößte Stadt Hessens über einen großen Bestand freigesetzter Arbeitskräfte verfügte, die im Krieg in den großen Betrieben der Rüstungsindustrie beschäftigt waren, die sich im Raum Kassel zusammengeballt hatte.

Auf den Gebieten der beiden Vorortgemeinden Altenbauna und Großenritten befanden sich noch Reste der ehemaligen Henschel-Werke. Henschel war eines der traditionsreichsten deutschen Unternehmen, bereits 1810 von Georg Christian Carl Henschel (1759-1835) als Gießerei in Cassel, wie die Stadt bis 1926 amtlich hieß, gegründet. 1848 hatte Henschel seine erste Lokomotive gebaut und war neben Borsig Anfang des 20. Jahrhunderts der größte Lokomotivenbauer Deutschlands. Getriebe, Lastwagen und Omnibusse bildeten in den Zwanzigern den Produktionsschwerpunkt. Im zweiten Weltkrieg wurde Henschel einer der bedeutendsten Rüstungsproduzenten, der in Kassel gleichermaßen Motoren für Kampfflugzeuge baute, wie für die schweren Panzer „Tiger“ und „Königstiger“.

Das Gelände der Henschel-Flugmotorenfertigung bot ideale Voraussetzungen. Dazu zählten künftige Erweiterungsmöglichkeiten ebenso wie ein eigener Bahnanschluss. Volkswagen erwarb die Immobilie am 5. Oktober 1957. Um möglichst schnell die Ar-

Links: Das Werk in Kassel wurde nach Wolfsburg die wichtigste Produktionsstätte von Volkswagen. VW begann dort 1957 mit der Produktion.

Ende der 1960er Jahre bewirbt VW den neuen Automatic-Käfer. Doch trotz intensiver Anzeigenschaltung bleibt die Automatik-Version bei den Käufern eher unbeliebt. Daran ändert auch ein zweifacher Hinweis auf Porsche in dem sehr ausführlichen Text nicht viel. Ab jenen Jahren taucht übrigens auch die Bezeichnung „Käfer“ in der Werbung offiziell auf ...

Neben dem Käfer hatte bei Volkswagen im März 1950 die Produktion des VW-Bus begonnen. Aufgrund der hohen Nachfrage lagerte das Unternehmen 1956 die Fertigung nach Hannover aus. Mit der T2-Reihe – die analog zum Vorgänger als „ein Reisewagen und ein Firmenwagen, ein Familienwagen und ein Campingwagen" beworben wurde – bediente man weiter erfolgreich die Nutzfahrzeugsparte.

beit aufnehmen zu können, beschränkten sich die ersten Arbeiten auf die Instandsetzung der teilweise zerstörten Bausubstanz. Schon Mitte 1958 war alles soweit wieder hergestellt, dass mit der Aufbereitung von Motoren begonnen werden konnte. Im Angebot von günstigen Austauschmotoren bei voller Garantie lag eines der Geheimnisse für die Wirtschaftlichkeit eines Volkswagens.

Wolfsburg baute Käfer, Hannover Transporter und Kassel Motoren. Doch die Fünfziger hatten sich noch nicht dem Ende zugeneigt, als klar wurde, dass die drei Standorte die inzwischen weltweite Nachfrage nicht würden befriedigen können. Angesichts der Stückzahlen, die allein in die Vereinigten Staaten exportiert wurden, lagen Überlegungen nahe, in den USA eine eigene Fertigungsstätte oder wenigstens ein Montagewerk zu errichten. Doch beim damaligen Kurs zwischen D-Mark und Dollar im Verhältnis 4:1 hätte sich eine amerikanische Fertigung nicht gerechnet.

Es war also billiger, den Käfer in Deutschland zu bauen und nach Amerika zu transportieren. Das jedoch führte zu weiteren Problemen. Anfang der Sechziger gab es kaum die erforderliche Kapazität an Transportschiffen, die speziell auf die Beförderung von Autos zugeschnitten waren. Volkswagen begegnete dem mit Verträgen für Chartertransporte, da Reeder und Schiffbauer schnell auf die Nachfrage reagierten und eine immer größere Zahl an Autotransportschiffen auf Kiel legten. Bis zum Beginn der Siebziger erreichte man dabei eine Ladekapazität von mehr als 3000 Pkw.

Volkswagen musste einen weiteren Standort in einer Region finden, wo die für den Export vorgesehenen Autos direkt gefertigt und dann ohne weitere Kosten für einen innerdeutschen Transport direkt auf Transportschiffe nach Übersee verladen werden konnten. Dafür kam nur die deutsche Nordseeküste in Frage. Alle Großstädte der Region – Hamburg, Bremen und Wilhelmshaven – bewarben sich als neuer Volkswagen-Standort. Die Wahl fiel schließlich auf Emden. Dort war Platz in Hülle und Fülle vorhanden, vor allem da angesichts des stetigen Wachstums immer die weiteren Expansionsmöglichkeiten eines Standorts für Volkswagen im Mittel-

Der Käfer, Modelljahr 1968, bot nun gegen Aufpreis hydraulische Scheibenbremsen vorn und ein Automatikgetriebe für den 1300, die (nun gesetzlich vorgeschriebene) Warnblinkanlage und eine von innen entriegelbare Tankklappe sind serienmäßig.

So sieht es Ende der Sechziger auf dem VW-Mitarbeiterparkplatz aus.

punkt der Überlegungen standen. Auch ließen sich die Autos direkt von dort verschiffen. Arbeitskräfte waren ebenfalls genügend verfügbar, weil Ostfriesland seit jeher eine strukturschwache Region war und das Land Niedersachen als zwanzigprozentiger Anteilseigner an Volkswagen das Interesse verfolgte, die nordwestlichste Region der Republik mit der Ansiedlung neuer Arbeitsplätze zu fördern.

1964 erwarb Volkswagen Gelände in Emden. Bereits im März 1966 bauten die Mitarbeiter täglich 1100 Autos für den Export. Das erste Schiff, das Käfer aus Emden in die Vereinigten Staaten transportierte, legte am 14. Mai 1965 im Hafen von Chicago an. Neben Wolfsburg wurde Emden für den Käfer die wichtigste Produktionsstätte in Deutschland. Auch nachdem man am 1. Juli 1974 die Käfer-Produktion in Wolfsburg eingestellt hatte, produzierte Emden weiter für den europäischen Markt. Insgesamt hatten 2.362.800 Käfer bis zum 19. Januar 1978 ihren Entstehungsort in Ostfriesland.

Auch im Jubiläumsjahr 1967 entwickelte sich der Käfer technisch weiter, optisch erkennbar unter anderem an den massiveren und höher angebrachten Stoßfängern, die die volkstümliche Bezeichnung „Eisenbahnschienen" erhielten. Die Streuscheiben der Scheinwerfer standen nun senkrecht. Für mehr Sicherheit sorgten die Sicherheitslenksäule und ein Zweikreisbremssystem. Das Bordnetz wurde endlich von 6 auf 12 Volt umgestellt und der Scheibenwischer bekam zwei Geschwindigkeitsstufen.

Wer ab dem Modelljahr 1968 bereit war, 465 D-Mark Aufpreis in seinen Käfer zu investieren, konnte für beide Motorvarianten des Käfers eine halbautomatische Kraftübertragung bestellen. In Verbindung mit den milden 40 PS des 1300 ergab das nicht gerade ein Temperamentsbündel, denn das System mit hydraulischem Wandler, automatischer Kupplung und nur drei Gangstufen zeichnete sich nicht durch Anschlüsse aus, die dem Boxer in Punkto Drehzahl und Drehmoment auf den Leib geschneidert waren.

Volkswagen war 1968 das erfolgreichste deutsche Unternehmen mit einem Jahresumsatz von 9,3 Milliarden D-Mark. Die Deutschen entspannten am liebsten vor dem Fernseher, vor allem nachdem

Links: Die Konkurrenz aus dem Rheinland schläft nicht: Ab 1968 setzte der Ford Escort neue Maßstäbe und wirbt zusammen mit dem Opel Kadett um die Gunst der Käufer, die in beiden Fällen ein modernes Auto geboten bekommen.

Rechts: Mit dem Capri präsentierte Ford nur ein Jahr später ein attraktives neues Fahrzeugkonzept, auf das VW bis zum Scirocco 1973 keine Antwort hatte.

Bundesaußenminister Willy Brandt (1913-1992) per symbolischem Knopfdruck am 15. August 1967 die Aussendung des ersten Programms in Farbe gestartet hatte. Das neue Massenmedium leitete den endgültigen Niedergang der Kinolandschaft ein. Hatten 1956 noch 750 Millionen Bundesbürger Karten für ein Lichtspieltheater erworben, war diese Zahl bis 1967 auf 280 Millionen gesunken. Das inzwischen doch ein wenig abgeebbte Wirtschaftswunder hatte nicht nur 60,6 Milliarden D-Mark in die deutschen Sparstrümpfe gespült. Es hatte auch die Kaufkraft entscheidend verbessert. Musste 1960 ein durchschnittlicher Arbeiter noch 1395 Stunden und eine Minute für einen Käfer arbeiten, so konnte er sich das gleiche Auto 1967 bereits nach 908 Stunden und 54 Minuten leisten.

Bundeswirtschaftsminister Karl Schiller (1911-1994) sorgte 1968 mit seiner „Konzertierten Aktion", in deren Rahmen sich die Sozialpartner bereit erklärten, einen umfassenden Konsens zu schließen für eine neuerliche Belebung der Konjunktur. Die Arbeitslosenquote bewegte sich noch immer auf einem traumhaften Niveau von 0,9 Prozent.

Im folgenden Jahr erreichte die Produktion des Käfers ihren Zenit. 1.076.897 Exemplare trugen 1969 zur einheimischen Gesamtproduktion von 1.639.630 Volkswagen bei. Nie zuvor und auch nie wieder danach rollten derart viele Käfer innerhalb einer Jahresfrist von den Bändern. Das freute alle Beteiligten. Allen voran die Aktionäre, die 150 Millionen Mark Dividende erhielten. Was den Käfer so gut am Leben erhielt war die weltweit immer noch hohe Nachfrage nach neuen Autos, seine Ausgereiftheit und Zuverlässigkeit, weniger jedoch sein Grundkonzept. Dass das mittlerweile mehr als dreieinhalb Jahrzehnte auf dem Buckel hatte, führten immer mehr Neuerscheinungen vor Augen. Fiat beispielsweise stellte 1969 das Modell 128 vor. Eine 3,85 Meter lange, hoch moderne Limousine der unteren Mittelklasse – also im selben Segment wie der VW Käfer angesiedelt. Deren Vierzylinder mit 1116 cm^3 leistete lebhafte 55 PS und trieb die Vorderräder an. Das verlieh dem Fiat einen besonders geräumigen Innenraum. Und mit seinen Fahrleistungen ließ der 128 den Volkswagen richtig alt aussehen. Der Fiat beschleunigte aus dem Stand in 18,8 Sekunden auf Tempo 100 und erreichte eine Höchstgeschwindigkeit von 140 km/h.

Ford hatte es ebenfalls geschafft, seit 1968 einen adäquaten Wettbewerber für den Käfer zu entwickeln. Der in England entwickelte Escort sollte es mit verschiedenen Motorvarianten, die zwischen 40 und 46 PS leisteten, richten. Der Preis ab 5400 Mark galt als heiß, doch mit der Form hatte sich Ford vergaloppiert. Die Verantwortlichen wollten ein Auto, das den Geschmack aller europäischen Märkte treffen sollte. Das „Hundeknochen-Gesicht" wird als Schritt zum unpersönlichen Einheitsauto wahrgenommen und floppt entsprechend.

Ein glücklicheres Händchen bei Neuentwicklungen bewies 1969 die deutsche Ford-Dependance in Köln. Mit dem Capri präsentierte sie ein sportlich anmutendes Coupé für die ganze Familie. Für 6995 Mark ließ sich ein Capri 1300 erwerben und damit ein Auto, das wesentlich schneller aussah, als es mit einem braven 50-PS-Motor tatsächlich war. Denn eine Beschleunigung aus dem Stand in 24 Sekunden spiegelte genauso wenig das Leistungsvermögen eines Sportwagens wider, wie die Höchstgeschwindigkeit von 133 km/h.

Zum Ende des Jahrzehnts steigt weltweit die Nachfrage nach geländegängigen Autos. Und damit erlebte auch ein Käfer-Derivat aus kriegerischen Tagen seine Renaissance. Offroadtaugliche Fahrzeuge waren eigentlich nichts als die Umwidmung kriegstauglicher Transportgeräte zu friedlichen Zwecken. Der zivile Trend zu solchen Autos entwickelte sich zuerst in den Vereinigten Staaten ab Mitte der

Der Willys Jeep gilt seit 1940 als Urvater aller Geländefahrzeuge.

Der Käferableger Typ 181 beflügelte ab 1969 durchaus die Offroad-Szene.

vierziger Jahre des letzten Jahrhunderts. Millionen amerikanischer Soldaten auf allen Schauplätzen des zweiten Weltkriegs hatten nicht nur mit dem ersten kompromisslos für den Einsatz im Gelände konzipierten Auto gute Erfahrungen gemacht. Sie hatten den Urvater aller Offroader wegen seiner vielseitigen Talente auch schätzen und lieben gelernt.

1942 hatte die Firma Willys Overland den Wettbewerb für die Entwicklung und den Bau eines universell einsatzbaren Fahrzeugs mit Allradantrieb, den das US-Verteidigungsministerium nach dem Kriegseintritt der Vereinigten Staaten ausgeschrieben hatte, gewonnen. Die Antwort von Willys Overland auf die gestellte Aufgabe hieß „Quad" und verfügte über einen permanenten Allradantrieb auf alle vier Räder. Als Antriebsquelle diente ein Vierzylinder-Benzinmotor mit zwei Litern Hubraum. Seine 60 PS waren mehr als ausreichend, um die Vorgabe zu erfüllen, auf normalen Straßen eine Höchstgeschwindigkeit von mindestens 88 km/h zu erreichen. Darüber hinaus musste das Fahrzeug mindestens 362 Kilo transportieren und mit einer Wattiefe von 46 Zentimetern stehende wie fließende Gewässer überwinden können.

Als das Auto in Serie ging, erhielt es den Namen „Jeep". Der Jeep rollte in einer Gesamtauflage von 587.000 Exemplaren von den Bändern und bewährte sich mehr als 45 Jahre lang bei den Streitkräften der Vereinigten Staaten. Vor allem seine dank des Allradantriebs ausgezeichneten Fahreigenschaften im Gelände, hatten ihn im Krieg im direkten Vergleich zum deutschen Kübelwagen auf Käfer-Basis zum deutlich überlegenen Auto gemacht.

Es war nur folgerichtig, dass viele jener heimgekehrten GI's, die mit dem Jeep Freundschaft geschlossen hatten, ihn nun auch durch ihren bürgerlichen Alltag lenken wollten. Willys Overland reagierte 1946 mit dem „Universal Jeep", einer Weiterentwicklung des Armee-Jeeps, der als Auto für jedermann in den Handel kam. Eine ähnliche Laufbahn schlug auch der Land Rover aus Großbritannien ein, der – ebenfalls im Krieg geschaffen – durch seine vielseitige Nutzbarkeit auch in Friedenszeiten überzeugte und damit eine bis heute ungebrochene Nachfrage generierte.

Offroad-Fahrzeuge spielten auch beim Aufbau der japanischen Nachkriegswirtschaft und der Autoindustrie eine wichtige Rolle. Ab 1950 produzierten vor allem Mitsubishi und Nissan solche Fahrzeuge in Massen für den Koreakrieg. Schritt für Schritt hatten sich jedoch die Autos mit Allradantrieb bis zum Ende der sechziger Jahre von ihren kriegerischen Wurzeln gelöst. Vor allem in den USA kombinierten Fahrzeuge wie der Jeep Wagoneer oder der Chevrolet Blazer den Allradantrieb mit allen Komfortmerkmalen großer Limousinen und dank Heckklappen und variabler Laderäume auch mit der Vielseitigkeit von Kombis. Der Nachteil dieser Fahrzeuge waren Größe und Kosten.

Für Puristen, Förster, Jäger und Abenteurer durfte es da auch wesentlich weniger sein. Ein Auto wie der kriegerische Kübel eben. 1969 nahm Volkswagen das Konzept wieder auf und präsentierte den kantigen Kasten als Volkswagen 181 („Der Wagen für Männer, die durchkommen müssen"). Mit Stoffdach, vier Türen und dem 1,5-Liter-Boxer mit 44 PS startete der 181 für 8500 D-Mark in ein raues Leben. VW produzierte den 181 zehn Jahre lang. In dieser Zeit entstanden 90.883 Exemplare. Das

Aufbruch in ein neues Jahrzehnt: Ab August 1970 sollte der 1302 mit neuem Fahrwerk (Schräglenkerhinterachse und McPherson-Vorderachse) und verbesserten Motoren (44 und 50 PS) verloren gegangenes Terrain am Markt zurück erobern.

waren nach den Maßstäben des Herstellers zwar keine überwältigenden Zahlen, doch beförderte der 181 zusätzlich das gute Image des unverwüstlichen Käfers. Eine rein zivile Laufbahn war dem 181 nicht beschieden. 15.250 wurden zum Dienst bei der Bundeswehr herangezogen und weitere 1000 erwarb der Bundesgrenzschutz.

Der wohl exzentrischste Ableger des Käfers war zwischen 1964 und 1974 in 6123 Einheiten entstanden. Die Deutsche Bundespost hatte schon zu Beginn der Sechziger Bedarf an einem Kleinlieferwagen angemeldet. Die Anforderungen konzentrierten sich im Wesentlichen auf Ladefläche und Laderaum. Der sollte hinter dem Fahrersitz 2,3 Kubikmeter und neben dem Fahrersitz 0,6 Kubikmeter betragen. Das Fahrgestell lieferte Karmann, weil es praktisch dem des Karmann-Ghia entsprach. Die eigentliche Produktion erfolgte ab 1964 bei Westfalia. Das eigenwillige Transportauto mit 34 PS reüssierte unter dem Namen „Fridolin“. Nach ihrem Ausscheiden aus dem offiziellen Dienst bei der Post erfreuten sich die Fridolins als günstige Gebrauchtfahrzeuge wegen ihres hohen Nutzwerts und der einfachen Technik großer Beliebtheit.

Die Bosse des Wirtschaftswunders durften sich ab 1968 beziehungsweise 1969 standesgemäß in einem deutschen Produkt bewegen. Mercedes kombinierte die S-Klasse mit dem Achtzylinder aus dem 600, der den 300 SEL 6,3 mit 250 PS zur schnellsten Serienlimousine der Welt adelte, beziehungsweise mit einem neu entwickelten 3,5-Liter-V8, dessen 200 PS die noble Limousine problemlos auf Fahrleistungen eines Sportwagens hievten.

Noch immer entschieden sich 1970 weltweit weit über eine Million Neuwagenkunden für einen Käfer, der es in diesem Jahr auf 1.014.819 Exemplare, alleine aus deutscher Fertigung, brachte. Das lag sicher auch daran, dass der Bestseller so gründlich überarbeitet worden war. Es schien fast legitim, von einem neuen Käfer zu sprechen. Der Radstand wuchs um 20, der Vorderwagen um 75 Millimeter. Damit verdoppelte sich quasi der Stauraum unter der vorderen Haube. Die Neukonstruktion des Vorderwagens war nicht zuletzt deshalb erforderlich geworden, weil in den Vereinigten Staaten neue Sicherheitsbestimmungen in Kraft treten sollten. Das neue Modell, das die Bezeichnung 1302 erhielt, war wahlweise mit 44 PS oder einem 1,6-Liter-Triebwerk mit 50 PS verfügbar. Gegen 140 Mark extra stattete Volkswagen den Käfer mit Bremsscheiben an der Vorderachse aus. Der 1302, der nur zwei Jahre lang gebaut wurde, tat etwas, was bei Käfern bislang undenkbar gewesen war: Er zeigte Schwächen im Alltag. Beide Motoren litten häufig unter Startschwierigkeiten, wiesen einen unruhigen Leerlauf auf, zeigten einen ungebührlichen Verschleiß der Pleuel und Nockenwelle und vor allem einen oftmals viel zu hohen Verbrauch. Der DIN-Verbrauch lag zwar bei 10,5 Litern, doch in der Praxis konnten es durchaus auch mal 15 Liter werden.

Schon 1972 folgte der 1303. Er zeichnete sich durch seine große gewölbte Frontscheibe aus und die mächtigen runden Leuchteinheiten am Heck, die schnell den Spitznahmen „Elefantenfüße“ weg hatten.

1971 registrierte die deutsche Produktionsstatistik des Käfers die letzte Millionenzahl: 1.058.580

Mit dem K 70 hatte Volkswagen ab 1970 ein hochmodernes Fahrzeug mit Frontantrieb im Programm. Entwickelt bei NSU, wechselte der K 70 nach der Übernahme des Neckarsulmer Traditionswerkes durch Volkswagen in das Wolfsburger Portfolio.

Einheiten. Das Auto beherrschte noch immer Volkswagen. Doch das Alter der Konstruktion kristallisierte sich immer stärker als Bürde heraus. Natürlich hatte die Entwicklungsabteilung in den letzten Jahren nicht geschlafen, doch alles, was an Prototypen entstanden war, baute auf der Technik des Käfers auf, die vor allem durch den Heckmotor mit Luftkühlung und die angetriebenen Hinterräder geprägt war. Bei der Gestaltung der Karosserien ließen es die Verantwortlichen an Stilgefühl mangeln: Den neuen Baureihen 1500/1600 und 411/412 konnte man auch als Fan der Marke nicht gerade den Rang von Designikonen zuerkennen.

Von einem solchen Ehrentitel war auch die Volkswagen-Neuheit von 1970 meilenweit entfernt. Der K 70 trat mit einer etwas eigenwilligen Stufenheckkarosserie an. Bemerkenswert war indes das technische Layout der Mittelklasselimousine mit einer aufwendigen Einzelradaufhängung rundum, wassergekühltem Vierzylinder-Reihenmotor und Vorderradantrieb. Mit zwei Leistungsstufen, 75 und 90 PS, war der K 70 zudem der stärkste Serien-Volkswagen. Freilich war kein Sturm der Erneuerung durch die Entwicklungsabteilung in Wolfsburg gefegt. Der K 70 war nämlich nicht in Wolfsburg, sondern bei NSU in Neckarsulm konzipiert worden. Der ursprüngliche Zeitplan für das Auto hatte bereits im März 1969 die Präsentation als NSU K 70 vorgesehen. Doch nach der Vereinigung von NSU mit der zum VW-Konzern gehörenden Marke Audi, war eine Präsentation als NSU K 70 obsolet geworden. Unter dem Label von Audi konnte der K 70 jedoch nicht erscheinen, weil er direkt mit dem Audi 100 konkurriert hätte, der sich, 1968 vorgestellt, schnell zum Bestseller entwickelt hatte.

Volkswagen ließ für den K 70 ein neues Werk in Salzgitter errichten. Bei seiner Premiere kostete die 75-PS-Ausführung 9450 Mark. Das war nicht gerade billig. Der fünf PS stärkere und deutlich repräsentativere Audi 100 L war zur gleichen Zeit nur 150 Mark teurer und bot dafür einfach viel mehr Auto. Obwohl der K 70 ein hoch modernes Auto mit guten Fahreigenschaften war, dessen Gepäckabteil 585 Liter schluckte, rangierte er im Modellangebot des Konzerns irgendwie zwischen Baum und Borke. Auch bei der Rentabilität tat sich der K 70 schwer, weil er mit den anderen Modellen von Volkswagen zu wenige Gleichteile aufwies. Somit endete die Produktion im Dezember 1974 bereits wieder – nach lediglich 211.151 Exemplaren.

1970 war Volkswagen noch immer das umsatzstärkste Unternehmen in Deutschland. Der Haushalt, den die Bundesregierung im gleichen Jahr verabschiedete, betrug 91 Milliarden D-Mark. Mit 190.300 Mitarbeitern setzte der Autobauer 15,791 Milliarden D-Mark um. Erst auf Platz fünf folgte mit

Große Feierstunde: Der Käfer löste am 17. Februar 1972 mit 15.007.034 Einheiten den Ford T als meistgebautes Auto der Welt ab.

einem Umsatz von 11,054 Milliarden Mark die Daimler-Benz AG.

Im Frühjahr 1971 änderte sich die deutsche Autolandschaft. Toyota, in weniger als 20 Jahren zum drittgrößten Autobauer der Welt aufgestiegen, begann hierzulande mit dem Verkauf seines ersten Modells, dem Corolla, einem direkten Konkurrenzprodukt für den Käfer. Die Exportgeschäfte der deutschen Wirtschaft gediehen prächtig, Bundesdeutsche Unternehmen führten Waren im Wert von fast 136 Milliarden D-Mark aus.

Zu diesem eindrucksvollen Ergebnis hatte einmal mehr Volkswagen und dort an erster Stelle der Käfer beigetragen. Die Grenze von einer Million Exemplaren verfehlte der Volkswagen mit 914.030 in Deutschland gebauten Einheiten zwar, doch am 17. Februar konnte der kultige Wolfsburger ein bemerkenswertes Jubiläum feiern. An diesem Tag rollte der 15.007.034ste Käfer vom Band. Damit war das Modell T von Ford als meistgebautes Auto der Welt abgelöst.

Der Weg zum 20.000.000sten Käfer

8. Der Weg zum 20.000.000sten Käfer

1971 übernahm Kurt Leiding die Leitung des VW-Konzerns. Der gelernte Kfz-Mechaniker war ein Firmenurgestein, der 1945 seine berufliche Laufbahn in Wolfsburg begonnen hatte.

Obwohl Volkswagen in den frühen siebziger Jahren nach wie vor der größte Automobilhersteller Europas war, zeigten die Absatzzahlen auf den kontinentalen Märkten deutlich nach unten. Fiat verkaufte doppelt so viele Autos in Europa wie Volkswagen und auch die europäischen Töchter von Ford und GM übertrafen den VW-Absatz. Die Diskussionen, wie VW wieder fit für die Zukunft gemacht werden könnte, führten im Vorstand zu Differenzen. Kurt Lotz, der amtierende Vorstandsvorsitzende, konnte sich dabei nicht mehr durchsetzen und zog im Dezember 1971 mit seinem Rücktritt die Konsequenzen.

Sein Nachfolger wurde Rudolf Leiding (1914-2003). Der gelernte Kfz-Mechaniker war ein Urgestein des Unternehmens, er hatte bereits 1945 seine Tätigkeit als Kfz-Sachverständiger in Wolfsburg begonnen. Zwischen 1958 und 1965 hatte Leiding das Volkswagenwerk in Kassel geleitet. Danach bewährte er sich als Vorsitzender der Geschäftsführung der Auto Union GmbH in Ingolstadt, wo unter seiner Regie der erfolgreiche Audi 100 entstand. 1968 war er zu VW do Brasil gewechselt, wo er bis zur Übernahme des Chefpostens in Wolfsburg für eine Steigerung der Produktivität um 50 Prozent gesorgt hatte. Der Techniker erkannte unmittelbar nach seiner Amtsübernahme seine Hauptaufgabe darin, für einen Ausbau der Modellpalette bei Volkswagen zu sorgen, um die Abhängigkeit vom Käfer so schnell wie möglich zu reduzieren.

Eine seiner ersten Amtshandlungen bestand darin, am 22. Oktober 1971 die Entwicklungsarbeiten für das Projekt „EA 266“ zu beenden. Die kompakte Limousine hätte 1972 die Nachfolge des Käfers antreten sollen. Eine schwerwiegende Entscheidung, da der EA 266 bereits bis zur Vorserienreife entwickelt und die Produktionsmaschinen für 500 Millionen Mark bereits eingekauft waren. Insgesamt summierte sich bei Volkswagen der Betrag für Fehlentwicklungen bis 1973 auf rund eine Milliarde D-Mark.

Vielversprechender schien die Weiterentwicklung des „EA 276“ zu sein. Dieser Prototyp wies bereits jene Silhouette auf, die fünf Jahre später den Golf prägen sollte – mit Steilheck, großer Heckklappe und quer eingebautem Frontmotor, der die Vorderachse antrieb. Allerdings war die Formgebung dieses Prototyps, vorsichtig ausgedrückt, „gewöhnungsbedürftig“.

Darum fiel die Entscheidung, das Design des künftigen Käfer-Nachfolgers jemandem anzuvertrauen, der etwas davon verstand. Die Wahl fiel auf

Giorgetto Giugiaro (geb. 1938) und sein 1967 gegründetes Studio „ItalDesign“. Giugiaro hatte sein Handwerk bei Giuseppe „Nuccio“ Bertone (1914-1997) gelernt. Das Projekt, für Volkswagen eine komplette neue Produktfamilie, eine Limousine der Mittelklasse, den Käfer-Nachfolger und ein sportliches Coupé zu zeichnen, war der bis dahin größte Auftrag für den italienischen Designer.

1972 zeichnete sich bei Volkswagen erstmals ab, dass bei den Produkten tatsächlich eine neue Ära angebrochen war und sich die dafür gewählten Strategien als richtig erwiesen hatten. Man war nämlich überein gekommen, künftige Neuentwicklungen zwischen Volkswagen und Audi abzustimmen und eine Art Baukastensystem zu nutzen, das es beiden Herstellern erlaubte, Produkte im gleichen Marktsegment anbieten zu können, die über eine möglichst große Zahl von Gleichteilen verfügten.

Das erste Produkt als Frucht dieser neuen Strategie erschien 1972 in Gestalt des Audi 80, der den erfolgreichen Audi 60 in der Mittelklasse ablöste. Die Konstruktion des Audi 80 profitierte in Sachen Frontantrieb von den Erfahrungen, die die Ingolstädter seit vielen Jahren mit den diversen Auto Union-Modellen und den Viertakt-Vorgängern vom Audi bis zum Audi 60 gemacht hatten. Die sachli-

Oben links: Der EA 266 war als Käfernachfolger im Entwicklungsstadium gescheitert. Kurt Leiding stoppte die Entwicklung 1971.

Oben rechts und unten: 1974 gelang VW mit dem Golf nach dem Käfer der nächste ganz große Wurf, der Trends für die gesamte Branche setzte. So sehr der Käfer technisch und formal veraltet war, so revolutionär fiel sein legitimer Nachfolger aus.

Im August 1971 beginnt die Produktion des 1303; ausgestattet mit 44 und 50 PS starken Triebwerken und der markanten gewölbten Panoramawindschutzscheibe, soll er den 1302 ablösen.

che Linie der Stufenhecklimousine mit der relativ flach abfallenden C-Säule überzeugte auf Anhieb Publikum und Fachleute. Zum Verkaufsstart bot Audi drei Leistungsstufen an, 55, 75 und 85 PS. Der Audi 80 avancierte zum bislang erfolgreichsten Modell der Marke, das bis zum Ende seiner Produktionszeit 1978 in 1.103.766facher Auflage entstand.

Bei der Vorstellung des Audi 80 war klar, dass nur wenig später ein entsprechendes Modell von Volkswagen folgen sollte. Im Mai 1973 präsentierte der deutsche Marktführer den Passat. Ein Fahrzeug der Mittelklasse, das die selbe Plattform wie der Audi 80 – einschließlich der drei identischen Motorleistungsstufen – bot, aber anders gezeichnet war. VW hatte sich bei der Limousine für eine Variante mit Schrägkeck entschieden, die es mit zwei beziehungsweise vier Türen gab. Als weitere attraktive Karosserievariante legte Volkswagen den Variant

Der Passat läutete 1973 eine neue Ära bei Volkswagen ein. Nüchtern, sachlich und modern sicherte der Passat Volkswagen erstmals einen breiten Erfolg in der Mittelklasse. Der Passat Variant stand von Beginn der Baureihe an zur Verfügung.

auf. Kombis, so hatten die Erfahrungen mit dem 1500/1600 und dem 411/412 gelehrt, sprachen die Kunden von VW besonders an.

Am Passat stimmte einfach alles. Das Fahrwerk mit Einzelradaufhängung vorne und einer Torsionskurbelachse hinten bot ausgezeichneten Komfort und hohe Fahrsicherheit. Der Frontantrieb bescherte dem Innenraum üppige Platzverhältnisse, in späteren Versionen ließen sich die Lehnen der Rücksitze zur Lösung anspruchsvollster Transportaufgaben umklappen. Der Einstandspreis betrug beim Passat 9060 D-Mark. Der Audi 80, ursprünglich mit 7990 D-Mark gestartet, zog bis März 1974 auf 9070 D-Mark an und damit praktisch mit dem Passat gleich.

Das neue Modell hätte für Volkswagen zu keinem günstigeren Zeitpunkt kommen können. Auf der 45. Internationalen Automobil-Ausstellung in Frankfurt im September 1973 zählte der Passat zu den Stars unter den rund 1200 ausgestellten Fahrzeugen. Mit 29,3 Millionen Einheiten kletterte die Autoproduktion der Welt auf einen neuen Höchststand. Für das Wachstum der PS-Leistung schien es bei Automobilen keine Grenzen zu geben. Besonders in den Vereinigten Staaten war es seit Ende der sechziger Jahre bei Mittelklasseautos zu einem wahren Wettlauf gekommen, bei dem großvolumige V8-Triebwerke am Schluss mehr als 400 PS entwickelten und zur Blütezeit der „Muscle Cars“ führten. Zu deren Ikonen zählten Modelle wie der Chevrolet Camaro, Dodge Charger und Challenger, Ford Mustang oder der Pontiac Firebird und GTO.

Ende 1973 endete die Party schlagartig, als sich die in der 1960 gegründeten OPEC (Organization of the Petroleum Exporting Countries) organisierten Nationen erdölfördernder Staaten unter der Führung von Saudi-Arabien erstmals zu einer konzertierten Aktion zusammenfanden und eine Drosselung der Produktion sowie eine Erhöhung des Rohölpreises um bis zu 100 Prozent vereinbarten. Innerhalb eines Jahres stieg die Ölrechnung der Bundesrepublik um 17 Milliarden D-Mark. Schlagartig wurde den Industrienationen klar, dass der wichtigste Rohstoff nicht

Als Nachfolger der Baureihe F103 markierte der intern als B-Typ bezeichnete Audi 80 ab 1972 den Beginn einer eigenen Mittelklasse-Modellreihe. Seine Tugenden wie das gefällige Design, Zuverlässigkeit und gute Fahreigenschaften begeisterten bereits in den Siebzigern über 1,1 Millionen Käufer.

Das Ende einer Ära in Wolfsburg: Nach fast 12 Millionen Käfern lief am 1. Juni um 11.19 Uhr im Stammwerk das letzte Exemplar vom Band. Zwei Monate später endete auch die Produktion des VW 1303 A.

nur nicht unbegrenzt für kleines Geld verfügbar war, sondern von den Erzeugerländern auch als Druckmittel eingesetzt werden konnte. In diesem Fall um Israel zu zwingen, seine 1967 eroberten Gebiete wieder zu räumen.

Die erste Ölkrise von 1973 richtete sich vor allem gegen die USA und die westlichen Industrienationen. Länder wie die Bundesrepublik, Belgien, Niederlande, Israel oder Italien reagierten mit Fahrverboten, die in Westdeutschland an vier Sonntagen im Dezember wirksam wurden und mit Tempobeschränkungen. In den USA liefen sogar Vorbereitungen zur Rationierung von Benzin an. In Italien schrieb Fiat aufgrund des Nachfragerückgangs wegen der Ölkrise erstmals rote Zahlen und führte 1974 Kurzarbeit ein. In Frankreich kündigte Citroën nach umgerechnet 432 Millionen D-Mark Verlusten mehr als 3000 Beschäftigten. Als Folge der Ölkrise kam es weltweit zu einer Inflation, die in Japan zu 24,2 Prozent Preisanstieg führte, in USA zu 10,3 Prozent und in der Bundesrepublik zu 7,2 Prozent.

In diesem nachhaltig veränderten Umfeld erschien im Mai 1974 der Golf. Rudolf Leiding hatte den Nachfolger des Käfers mit Nachdruck durch die Entwicklung gepeitscht. Das Konzept der 3705 Millimeter langen Limousine revolutionierte die gesamte untere Mittelklasse. Mit zwei oder vier Türen und einem Steilheck mit großer Heckklappe bot der Golf ein eindrucksvolles Platzangebot. Ein aufwendiges Fahrwerk mit Einzelradaufhängung verlieh dem Golf Fahrsicherheit und -dynamik, wie sie in dieser Fahrzeugklasse bislang unbekannt waren. Die modernen, vorne längs eingebauten Vierzylinder leisteten 50 beziehungsweise 70 PS. Bereits die Version mit 50 PS beschleunigte den 790 Kilo schweren Zweitürer aus dem Stand in 17 Sekunden auf 100 km/h und ermöglichte eine Höchstgeschwindigkeit von 145 km/h. Mit einem Verbrauch von 9 Litern Normalbenzin auf 100 Kilometer unterbot der Golf den Durst des Käfers signifikant und demonstrierte damit zeitgemäße Verbrauchswerte.

Die von Giugiaro gezeichnete schnörkellose Karosserie verlieh dem Golf nicht nur Unverwechselbarkeit, sondern jene zeit- und klassenlose Anmutung, die ihn im eigentlichen Sinne zum legitimen Nachfolger des Käfers adelte. Am Konzept seiner Form und der technischen Konfiguration hat sich auch 2008 bei der Vorstellung der sechsten Generation nichts Grundlegendes geändert.

Trotz der krisenhaften Entwicklung am Energiemarkt und des Kraftakts bei der Erneuerung der Modellpalette bei Volkswagen, blieb 1974 auch noch Raum für eine Kür. Praktisch zeitgleich mit dem Golf feierte der Scirocco seine Premiere. Auf der technisch identischen Plattform des Golf war ein sportliches Coupé entstanden. Der 3,85 Meter lange 2+2-Sitzer, ebenfalls von Giugiaro gezeichnet,

Mit dem Scirocco auf Basis des Golf betrat Volkswagen 1973 völliges Neuland. Erstmals bot der Konzern ein sportliches Coupé für breite Schichten an. Der Fronttriebler positionierte sich auf Anhieb erfolgreich gegen seine Wettbewerber Ford Capri und Opel Manta.

Der gebürtige Rheinländer Toni Schmücker übernahm am 10. Februar 1975 als Nachfolger von Rudolf Leiding den Posten des Vorstandsvorsitzenden der Volkswagenwerk AG und leitete die Geschicke des damals schwer angeschlagenen Konzerns (Verlust im Jahr 1974: 807 Millionen DM) bis 1982. Ein rigoroser Sparkurs brachte VW bereits 1976 wieder in die Gewinnzone ...

Rechts: Drei Buchstaben, die nicht nur die Kompaktklasse nachhaltig beeinflussen sollten: „GTI“ lautete ab 1976 das magische Kürzel für den sportlichsten Golf-Vertreter.

trat das legitime Erbe des Karmann-Ghia an. Und zwar so konsequent, dass auch die Montage des Scirocco bei Karmann in Osnabrück erfolgte.

Die Modelloffensive von 1973 und 1974 schlug sich erwartungsgemäß negativ im Betriebsergebnis des Konzerns nieder, der 1974 mit 807 Millionen D-Mark Verlust abschloss. Mit dem Golf hatte Volkswagen jedoch einen neuen Star, der erstaunlicherweise über das gleiche Potenzial wie der Käfer verfügte. Die Produktion in Wolfsburg stellte auf den neuen Hoffnungsträger um. Zu Lasten des alten Bestsellers. Am 12. Juli 1974 endete die Ära des Käfers um exakt 11.59 Uhr, als das Letzte von fast zwölf Millionen Exemplaren, die bislang im Stammwerk produziert worden waren, das Band verließ. Trotzdem blieb der Käfer auch in diesem Jahr das erfolgreichste Modell des Konzerns, von dem insgesamt 791.053 gebaut wurden. 1974 feierte die Bundesrepublik den Gewinn der zweiten Fußballweltmeisterschaft nach 1954 vor heimischem Publikum. 23,9 Millionen Mitbürger traten in diesem Jahr eine Reise an, 58,4 Prozent davon in ihrem eigenen Auto.

Die hohen Verluste, die durch die kostenintensiven Neuentwicklungen entstanden waren, hatten Volkswagen in einen Sanierungsfall verwandelt. In den Vereinigten Staaten war der Umsatz um 30 Prozent zurück gegangen, die weltweiten Werke waren durchschnittlich nur zu 60 Prozent ausgelastet und der Belegschaft drohten Massenentlassungen in der Größenordnung von 25.000 Mitarbeitern. Unter diesen Voraussetzungen löste Toni Schmücker (1921-1996) Rudolf Leiding als Vorstandvorsitzender des Konzerns ab. Leiding hatte zwar die Kehrtwende in der Produktentwicklung geschafft, doch nun bestand die wichtigste Aufgabe des neuen Konzernlenkers darin, das Unternehmen neu zu strukturieren und damit zukunftssicher zu machen. Dies erreichte Schmücker, indem er sofort die Produktion des K 70 einstellen ließ. Audi positionierte er als „Premiummarke“ und stoppte Parallelentwicklungen. So stellte Audi die Produktion des Kleinwagens Audi 50 ein und überließ das Segment dem baugleichen VW Polo, der ab 1975 zu einem der erfolgreichsten Konzernmodelle avancierte. Darüberhinaus stoppte Schmücker die Nachfolgeentwicklung des VW-Porsche 914, in dem er das gesamte Projekt an Porsche verkaufte. Mit der Bedingung, dass das neue Modell 924 in Neckarsulm gefertigt werden solle, um diesen Standort vor dem Verkauf zu retten. Das Sanierungsprogramm Schmückers zeigte schnell Wirkung, denn für 1975 konnte Volkswagen den Verlust auf 157 Millionen D-Mark reduzieren.
Dies nicht zuletzt deswegen, weil es Volkswagen 1975 gelang, aus dem Golf nicht nur ein Erfolgsmodell zu machen, sondern in einer besonders sportlichen Variante auch ein Kultauto. Mit einer Einspritzanlage versehen, entwickelte der 1,6-Liter-Vierzylinder sensationelle 110 PS. Das Kürzel „GTI“ für das Sondermodell wurde zum Synonym eines bezahlbaren, sportlichen Autotraums für Familienväter, denn für 13.850 D-Mark gab es einen 182 km/h schnellen, 780 Kilo schweren Viersitzer, der vor allem im spektakulären Sprint aus dem Stand auf Tempo 100 die magische Grenze von zehn Sekunden um 0,2 Sekunden unterbot.

Dabei hatte sich der Aufwand für die Entwicklung des GTI in einem überschaubaren Rahmen bewegt. Der Motor mit der mechanischen Benzineinspritzung K-Jetronic von Bosch war eigentlich für das Topmodell der Audi 80-Palette, den GTE, entstanden. Ein der Leistung angepasstes Fahrwerk und charakteristische Sportsitze von Recaro rundeten den GTI ab.

Sondermodelle wie der „Jeans“ mit entsprechenden Polstern prägten den Käfer in den 1970er und 1980er Jahren.

Fast wäre das Management von VW jedoch einem fatalen Irrtum aufgesessen, weil es für einen derart hochgezüchteten Golf keine Marktchancen gesehen hatte. Schon in seinem ersten Produktionsjahr machte der Anteil des GTI rund zehn Prozent der gesamten Produktion der Golf-Baureihe aus.

Die Bundesbahn legte 1976 ihre letzte Dampflokomotive still. Nachdem die deutsche Käfer-Produktion 1975 bereits auf 114.025 Exemplare zurückgegangen war, erreichte sie 1976 mit 87.463 Einheiten das Niveau von 1950. Volkswagen machte inzwischen mit einer anderen technischen Pioniertat von sich reden. Nach mehrjähriger Forschungsarbeit lief am 21. Juni 1976 der erste Motor einer vollkommen neuen Generation von Dieseltriebwerken in Salzgitter vom Band. Mit nur 1,5 Litern Hubraum leistet der Selbstzünder nach dem Wirbelkammerprinzip 50 PS. Der neue Motor kam zuerst im Golf zum Einsatz und setzte mit einem Verbrauch von sechs Litern Kraftstoff auf 100 Kilometern neue Maßstäbe in Sachen Effizienz. Darüber hinaus begründete dieses Triebwerk – aus dem eine ganze Familie wurde – die Vorherrschaft von VW bei der Dieseltechnologie für Personenwagen. Ganz besonders in den kompakten und kleinen Fahrzeugklassen.

Der Anteil des Käfers an der deutschen Gesamtproduktion von Volkswagen fiel rapide. 1977 waren es nur noch 33.239 Exemplare, fast 50 Prozent weniger als 1949. Als Zeitzeuge erlebte das älteste noch in Produktion befindliche Auto der Welt in seinem 33. Lebensjahr den „deutschen Herbst“ mit der Entführung und Ermordung von Arbeitgeberpräsident Hanns-Martin Schleyer (1915-1977), der Entführung der Lufthansa-Maschine „Landshut“ nach Mogadischu durch palästinensische Terroristen und deren Befreiung durch eine Sondereinheit des Bundesgrenzschutzes, sowie den Selbstmord der Rädelsführer der Baader-Meinhof-Bande, Andreas Baader, Gudrun Ensslin und Jan-Carl Raspe.

Ein Jahr später war für den Käfer „Made in Germany“ endgültig Schluss. Die Zeit hatte das Auto eingeholt. In den letzten Jahren hatte es zwar Sondermodelle des VW 1303 wie den „Jeans-Käfer“ mit Sitzbezügen aus dem blauen Baumwollstoff der amerikanischen Arbeitshose oder den sportlichen „Gelb-schwarzen Renner“ gegeben, gründliche technische Verbesserungen oder umfassende Modellpflegemaßnahmen ließen die Verantwortlichen bei Volkswagen dem Klassiker indes nicht mehr angedeihen. Am 19. Januar 1978 fiel für den Käfer endgültig der Vorhang, auch in Emden. Das Cabrio genoss zwei weitere Jahre Schonfrist und entstand bei Karmann in Osnabrück bis 1980.

3 Jahre Lackgarantie auf jeden neuen Volkswagen Pkw.
Der Sunny Bug.
Zum Happy Sunshine-Tarif.
Sunny Bug, so heißt das neue Käfer-Sondermodell, das außen so goldig wie innen ist.
Auf sattem Sonnengelb leuchten die schwarz-weißen Doppeldekorstreifen. Verchromte Radkappen und Radzierringe reflektieren jeden Sonnenstrahl.
Sunny Bug – ein Käfer, der gute Laune macht. Bei jedem Wetter.
Wenn Sie jetzt die Tür öffnen, laden drinnen vier bequeme und schicke Plätze an der Sonne ein. Currygelb gerippter Cord gibt den Ton an. Tür- und Seitenverkleidungen, seitliche Velours-Fußraumauskleidungen, schwarze Gummimatten vorn und hinten und zwei Türausstellfenster hat dieser Sonnenschein von einem Auto auch noch. Und zwei Sonnenblenden natürlich. Die beste Nachricht: Den Sunny Bug gibt's zum besonders günstigen Sonnenscheintarif von DM 9.990,– (unverbindliche Preisempfehlung; ohne Überführungskosten).
Aber Achtung, die Sonnenscheintage sind gezählt, weil die Auflage begrenzt ist.
Sunny Bug, der Käfer zum Sonnenscheintarif.
Bei Ihrem V.A.G Partner.

WOB-EH 54

Bei den Käufern beliebt waren die zahlreichen Sondermodelle des Käfers: Ab Januar 1973 wurde der „Gelb-Schwarze-Renner" (rechts unten) angeboten, ein auf 3500 Exemplare limitierter und mit 50 PS motorisierter 1303S mit Sportausstattung. Diesem folgte im September desselben Jahres mit dem „Jeans-Käfer" eine der bekanntesten Varianten. Ebenfalls in den Listen von 1973 zu finden ist der „Lady Bug" (links unten). Auf 2600 Exemplare begrenzt blieb 1983 der „Samtrote Käfer" (links oben) mit Blumendeko auf der Seite. Ebenfalls 1983 angeboten wurde der auf 3300 Exemplare limitierte „Aubergine Käfer" (rechts oben). Ein Jahr später folgte der sonnengelb lackierte „Sunny Bug" (links oben), von dem 1800 Stück aufgelegt wurden.

Am 19. Januar endete die Käferproduktion in Deutschland mit dem letzten Käfer, der das Werk in Emden verließ. Dort wurden seit 1954 laut Jubiläumsschild 2.362.800 Exemplare gebaut. In Deutschland waren bis zu diesem Tag insgesamt 16.255.500 Stück entstanden, weltweit belief sich die Produktion auf 19,3 Millionen.

Eine Tafel auf dem letzten Käfer aus Emden vermeldete schmucklos das Ende einer Ära, nach 16.255.500 Autos aus deutscher Produktion und 19.300.000 Einheiten weltweit. Der letzte deutsche Käfer war in „Riadgelb" lackiert und kostete 8335 Mark. Mit der Fertigung in Emden stoppte VW auch die Herstellung in Brüssel.

Eine 33-jährige Bauzeit und knapp 20 Millionen Einheiten waren in der Geschichte des Automobils bis dahin einmalig. Dabei war dies noch lange nicht das Ende des Käfers. Er bot auch nach 1978 noch genügend zu erzählen. Für mindestens ein weiteres Kapitel.

Ein Auto mit einer derart außergewöhnlichen Karriere, dessen Konzeption bis in die Mitte der zwanziger Jahre zurückreichte, für das eine riesige Fabrik errichtet wurde, die praktisch erst ein Jahrzehnt später den geplanten Ausstoß in einer anderen Epoche und in einem vollkommen veränderten Umfeld erreichte und für das die ungewöhnlichste Vertriebsmethode per Sparmarken erdacht worden war, lieferte den Nährboden für eine eigene Kultur. Der Käfer war nicht nur das erste, sondern bislang auch das einzige Automobil, dem die Traumfabrik Hollywood einen eigenen Film auf das runde Blech geschrieben hatte. Natürlich spielten Autos in Filmen häufig eine wichtige Rolle und tun dies bis zum heutigen Tag, wo Autohersteller Filme immer stärker für ihr Product Placement nutzen. Doch seinen Namen in einem Filmtitel trug nur der Volkswagen und zwar in „Ein toller Käfer" von 1968 aus den Walt Disney Studios. Schon die Herkunft des „The Love Bug", wie der Film im Original hieß, deutet darauf hin, dass sich der weiße VW 1200, Baujahr 1963, namens Herbie ausschließlich bester Familienunterhaltung verpflichtet fühlte. Mit Schiebedach, blau-rot-weißem Rallyestreifen und Startnummer 53, verfügt das Auto über Attribute, die es zum besten Freund des Menschen machten. Woher Herbie seine Fähigkeit nahm, die Grenzen der Physik außer Kraft zu setzen und mit seinem gesunden Käferverstand immer dann die richtige Entscheidung zu treffen, wenn sämtliche zweibeinigen Protagonisten dazu augenscheinlich nicht in der Lage waren, ließ der Film bis zur fünften Verfilmung 1997 offen. Natürlich stiftete Herbie bei der obligatorischen Liebesgeschichte das noch viel obligatorischere Happy End.

Das kulturelle Phänomen Käfer bewegte jedoch nicht nur die Gemüter breiter Massen mit schlichter Familienunterhaltung. Auch zeitgenössische Künst-

Der Käfer als Kunstobjekt: Egal ob als Rasenlandschaft oder als Gartenlaube, der Wolfsburger bewies scheinbar grenzenloses kreatives Potenzial. Mit diesem Talent hatte der Käfer bereits 1968 die Filmwelt erobert, als die Walt Disney Studios mit dem Film „Ein toller Käfer" (original: „The Love Bug") eine ihrer erfolgreichsten Produktionen auf die Kinoleinwände brachten. Insgesamt vier Fortsetzungen sollten folgen ...

ler von Weltrang inspirierte der Käfer zu kreativem Schaffen. Allen voran Andy Warhol (1928-1987). Der legendäre Popart-Künstler widmete sich von 1969 bis 1985 in seinem grafischen Schaffen dem Käfer und schuf damit gesuchte Meisterwerke der modernen Kunst. Eine dieser Käfer-Arbeiten, die das Aktionshaus Christie´s im September 2008 versteigerte, wurde auf einen Wert von 300.000 bis 400.000 Dollar taxiert.

Tom Wesselmann (1931-2004), neben Andy Warhol und Roy Lichtenstein (1923-1997) der wohl wichtigste Vertreter der amerikanischen Popart, widmete sich bereits 1964 in seiner Arbeit dem Käfer, indem er Werbeplakate verfremdete und dabei alle Elemente, die nicht zum Auto gehörten mit einer stilisierten Landschaft übermalte. Don Eddy (geb. 1944), der als führender Photorealist gilt, präsen-

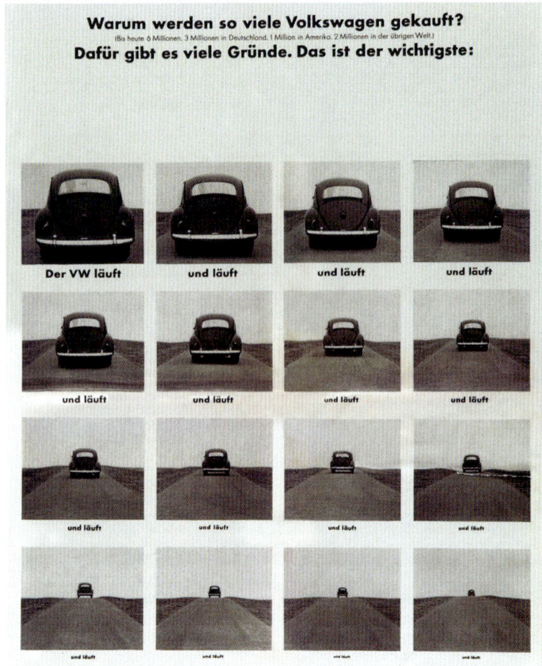

Die Werbeagentur DDB (Doyle Dane Bernbach) produzierte ab 1959 die kreativen Anzeigenkampagnen für Volkswagen. Dabei entstanden Anfang der 1960er Klassiker wie „Es gibt Formen, die man nicht verbessern kann", die 10 Jahre später als Inspiration für das Motiv „Kraft-Ei" diente, und natürlich die „Läuft und läuft und läuft …"-Anzeige.

tierte den Käfer in seinem Bild „ohne Titel" (1971) so wie aus der Werbeästhetik gewohnt – glänzend, kühl, perfekt ausgeleuchtet. Dennoch verrät der gezielte Blick auf die Formen des Wagens mit Spiegelungen verborgene Gefühle.

Die genaue Zahl der Künstler, die in ihrer Arbeit den Käfer verewigt haben, lässt sich genauso wenig feststellen wie die der Karikaturen, die sich dem Käfer widmeten. Der Käfer lieferte bereits 1939 die Vorlage für einen Satz Sondermarken der Deutschen Reichspost. Die Deutsche Bundespost verweigerte dem Auto stets den schuldigen Tribut mit dem Hinweis, die Post würde auf ihren Marken keine Werbung für ein aktuelles Produkt machen. Nach dem absehbaren Produktionsende des Autos, erschien auf den Wohlfahrtsmarken der Post des Jahrgangs 2002 ein feuerroter Käfer.

In der Werbung setzte der Käfer zweifellos Maßstäbe. Vielleicht weil er lange Zeit klassische Werbung gar nicht nötig hatte. Es wurden stets weniger gebaut als vom Kunden gefordert. Wenn der Käfer in Werbeanzeigen auftauchte, spielte er charmant mit seiner Bescheidenheit und rückte eher kleine Unzulänglichkeiten in den Mittelpunkt, als mit seinen Stärken zu prahlen. So forderte VW amerikanische Kunden 1960 mit einem klein abgebildeten Käfer auf einer fast leeren Seite die Leser auf: „Think small." Unsterblichen Ruhm in der Werbewelt erlangte die Abbildung eines Eis, auf das die Heckkonturen des Käfers gezeichnet waren und das mit dem Slogan warb: „Es gibt Formen, die man nicht verbessern kann." Und wie sollte jemals eine Werbeaussage übertroffen werden, wie „der VW läuft und läuft und läuft …"?

Auch die Beliebtheit als Vorlage für ungezählte Modelle in den unterschiedlichsten Maßstäben begleitete den Käfer von der ersten Stunde an. Das berühmteste davon, entstand bereits 1938 im Maßstab 1:12. Ferdinand Porsche schenkte es Adolf Hitler zu dessen 49. Geburtstag. Bereits 1939 führte das Versandhaus Quelle ein Käfer-Modell für 99 Pfennige in seinem Angebot. Der Modellbahnspezialist Märklin aus dem schwäbischen Göppingen kreierte 1938 ein Käfermodell in 1:38. An der Stoßstange war das KdF-Zeichen angebracht. Nicht zuletzt die wenig haltbare Zinklegierung aus der die Karosserie des Modells gegossen war, sorgte für mannigfachen Zerfall der Replik, die unversehrt zu den begehrtesten Sammlerpreziosen unter den verkleinerten Käfer-Abbildungen zählt.

Mit einem Käfer-Modell im H0-Maßstab 1:87 des 1931 in Berlin gegründeten Spezialisten Wiking, praktizierten die VW-Werkstätten erfolgreich Kundenbindung, weil der begleitende Sohn ein solches Modell als Geschenk erhielt, wenn er in Begleitung der Eltern das Auto aus der Inspektion abholte.

Wie viele Personen fasst ein Käfer? Hunderte von Wettbewerben suchten immer spektakulärere Antworten auf diese Frage. 33 Oberschüler aus Oregon galten als unschlagbar.

Heinrich Nordhoff hatte die ersten Werbemodelle bei Wiking schon 1948 in Auftrag gegeben.

Schon Ivan Hirst wusste um die Attraktivität verkleinerter Käfer bei hohen Gästen, wichtigen Geschäftspartnern und verdienten Mitarbeitern. Darum ließ er verkleinerte Käfer aus Aluminium herstellen, die zwischen 1945 und 1948 rund einhundert Mal verschenkt wurden.

Künstler gestalteten Modelle des Käfers im Maßstab 1:1 in allen nur denkbaren Materialien. Aus Holz, Rattan, Metallstangen, als Skulptur aus kleinen Lichtern, im Winter aus Eis und Schnee und in Zell am See, dem Porsche-Firmensitz, aus Anlass des 60-jährigen Jubiläums des Autos sogar eines aus Blumen. Käfer-Karosserien wurden in den wildesten Farben bemalt, mit Blumen verziert oder komplett mit Briefmarken überzogen, was zu einem von zahllosen Einträgen in das „Guinness-Buch der Rekorde" zum Thema Käfer führte.

Das Lebensgefühl, das der Käfer vermittelte, führte überall auf der Welt, vor allem in den Vereinigten Staaten, zum Kultstatus des Käfers bei jungen Leuten. „Car Stuffing" war ein beliebtes Spiel, bei dem es galt, so viele Menschen wie möglich in einem Käfer unterzubringen, der fahrbereit bleiben musste. Immer mehr Zeitgenossen sahen in diesem Auto mehr als ein pragmatisches Transportmittel. Seine einfache Technik und die große Verfügbarkeit führten dazu, dass so mancher Käfer am Ende seines normalen Lebens die Rolle eines Organspenders für neue, skurrilere Fortbewegungsmittel zugewiesen bekam.

So entstanden ab den sechziger Jahren im sonnenverwöhnten US-Bundesstaat Kalifornien die ersten „Buggys", kleine offene Autos mit einer Kunststoffkarosserie. Für deren Aufbau eignete sich der Käfer am besten. Einmal, weil er natürlich an jeder Ecke für kleines Geld zu kaufen war, aber auch weil sich seine Karosserie bequem entfernen und mit geringem Aufwand durch eine neue ersetzen ließ. Eine stattliche Bodenfreiheit sorgte nicht zuletzt für ordentliche Geländeeigenschaften – Strände als bevorzugtes Ziel stellten hier keine ungebührlichen Hindernisse dar. Als Erfinder der

Spaßmobil: Der Apal Buggy ist nur einer von zahlreichen Buggys auf Käfer-Basis, die Anfang der 1970er Jahre in Deutschland angeboten wurden. Dieses restaurierte Exemplar von 1973 erinnerte 37 Jahre später auf der Techno Classia in Essen an diese Zeiten.

Evolutionsgeschichte vor dem Hintergrund des Stammwerkes Wolfsburg: Fünf Generationen Käfer aus gut 30 Produktionsjahren dokumentieren die Entwicklung des VW-Erfolgsmodells (links zwei schwarze Prototypen des KdF-Wagens von 1938 als Limousine und Cabrio, daneben der goldene „Millionärs-Ovali" von 1955 und ein Modell von 1965 sowie ein Exemplar aus dem Jahr 1976).

„Dune Buggys" ging der Amerikaner Bruce Meyers in die Geschichte ein, der 1964 erstmals eine Karosserie aus Kunststoff auf das verkürzte Chassis eines Käfers geschraubt hatte. Die markante Form setzte Maßstäbe und Trends für alle Nachahmer. Diese etablierten sich zeitweilig auch in Europa. Der Kunde sollte des Schraubens kundig sein, sich einen günstigen Käfer besorgen und den Rest des Buggys wie bei einem großen Bausatz selbst montieren. Zu den Anbietern gehörte auch die Rudolf Kühn KG aus Hamburg, die ab 1968 den HAZ-Buggy in einer kleinen Serie auf bundesdeutsche Straßen brachte.

Das Konzept dieser Bausatz-Autos ging vor allem wegen der günstigen Preise auf. Eine montagefertige Karosserie konnte schon ab 3000 Mark erstan-

Die strengeren Umweltauflagen machten auch vor dem Käfer nicht halt: Ab 1992 wird der Mexiko-Käfer mit geregeltem Katalysator und Lamda-Sonde ausgestattet.

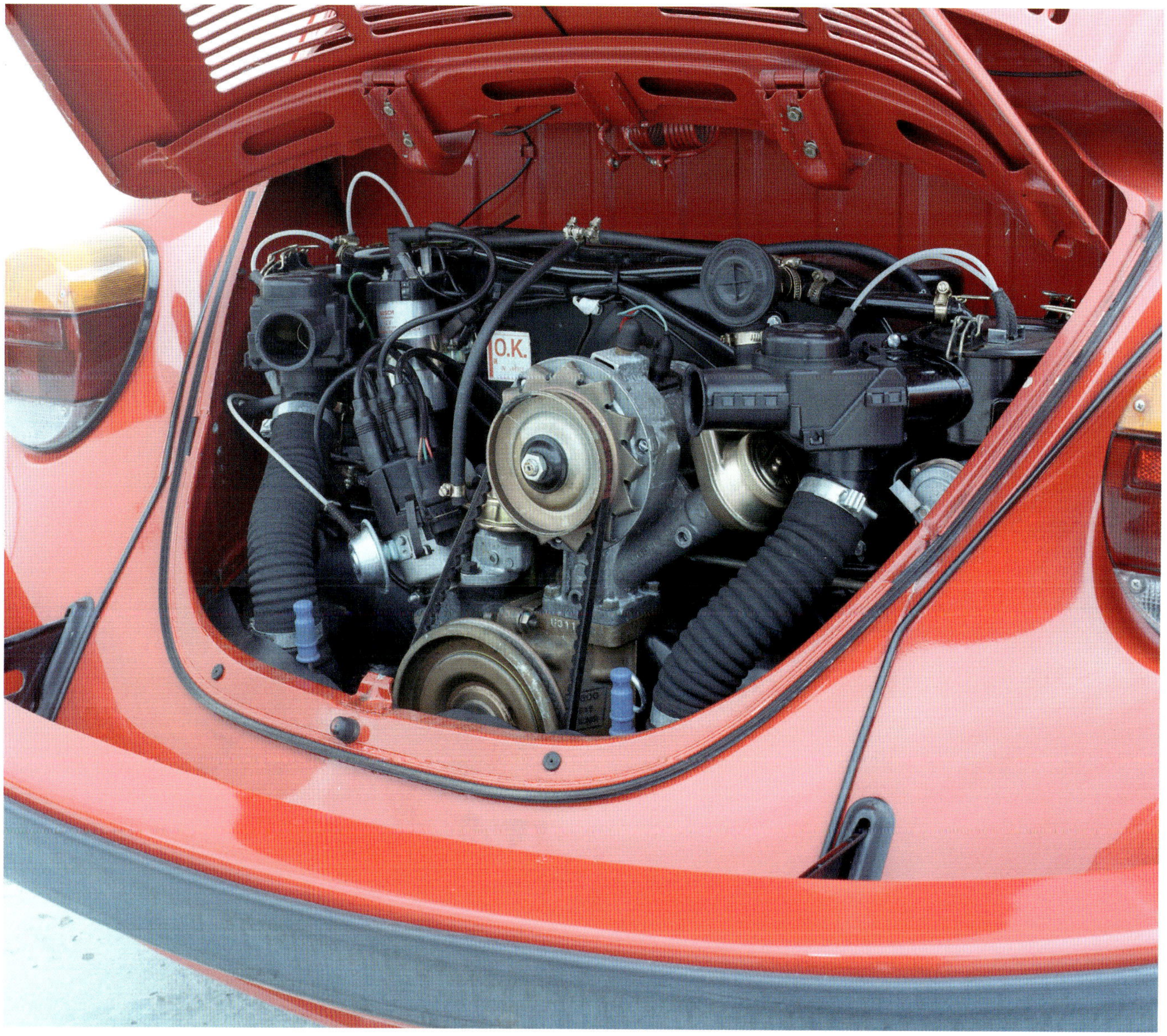

den werden. Technisch weniger Begabte mussten für ein vormontiertes Fahrzeug ab 5000 D-Mark auf den Tisch blättern. Entsprechendes individuelles Zubehör und frisches TÜV-Siegel konnten den Einstandspreis jedoch auch schnell auf 10.000 D-Mark treiben. Der belgische Hersteller Apal erwarb sich unsterblichen Ruhm, indem er die schnell wachsende Szene mit riesigen Rädern für die Hinterachse und leistungsgesteigerten Motoren versorgte. Zum Buggy-Kult gehörte eine Verkürzung des Käferchassis um 27,5 bis 29 Zentimeter nach der Methode Flex: durchsägen, abschneiden, wieder zusammenschweißen. Die gründlichen Deutschen verlangten vom zuständigen Schweißer den Nachweis entsprechender Schweißscheine für die TÜV-Zulassung. Selbst Karmann wollte sich neben Käfer Cabrio und Karmann-Ghia eine Scheibe vom Buggy-Trend abschneiden und entwickelte und vertrieb rund Tausend Einheiten des Typs „Karmann GF".

Das Ende der kultigen Gefährte einer hippiebasierten, juvenilen Spaßgesellschaft leiteten die achtziger Jahre ein. Strikter gewordene gesetzliche Vorschriften zur Unfallsicherheit, Crashtests und andere humorlose Auflagen verödeten die Szene der Selbstbauer, ja der Cabrios generell. Heute verwalten die Eigner der wenigen verbliebenen Buggys ihren Besitz mit technischer Sorgfalt und finanzintensiver Pflege und treffen sich zu beschaulichen Veranstaltungen, die europaweit allenfalls noch 100 bis 150 Fahrzeuge auf die Räder bringen.

1979 war der Käfer aus Deutschland, aber nicht aus den Herzen verschwunden. Mit 833.625 Autos hatte der Golf dessen Rolle in der Produktion übernommen. Zu kaufen gab es den Käfer offiziell zwar immer noch, doch nun als Importauto, „Made in Mexico". Um die Fertigung und den Import wirtschaftlich zu gestalten, kurbelte Volkswagen das Geschäft mit regelmäßig erscheinenden Sondermodellen an.

Die wirtschaftliche Situation hatte sich im Ganzen positiv für den Konzern entwickelt. Bei einem Gesamtumsatz von 30,707 Milliarden D-Mark, konnte 1979 ein Gewinn von 667 Millionen D-Mark erzielt werden – trotz der zweiten Ölkrise, die die OPEC mit starken Preisanstiegen für Rohöl auslöste. Hatte der Preis für ein Barrel (159 Liter) Rohöl 1978 noch durchschnittlich 12,7 Dollar betragen, kletterte er 1979 auf bis zu 32,5 Dollar. Damit verdoppelte sich in der Bundesrepublik innerhalb eines Jahres der Preis für Heizöl. Der nahe und mittlere Osten als größtes Fördergebiet für das Lebenselixier der Industrienationen hatte sich einmal mehr als politisch instabil erwiesen. Diesmal sorgten der Sturz des

Das Cabrio blieb bis 1980 im Programm, wobei das anhaltende Käuferinteresse auch nach Produktionsende für ein entsprechend hohes Preisniveau sorgte. So wurde für manch ein Fahrzeug aus Ersthand mehr als der ursprünglich bezahlte Kaufpreis von knapp 14.000 DM auf den Tisch gelegt. Heutzutage muss ein Interessent für ein perfekt erhaltenes 1303 Cabrio bis zu 26.000 Euro investieren ...

Schah-Regimes in Iran und die sich daran anschließende Renaissance des Islam zunächst im mittleren Osten für nachhaltige Verwerfungen.

In der Bundesrepublik waren die durchschnittlichen Monatseinkommen von 890 D-Mark (1970) auf 1680 Mark gestiegen. 38,9 Prozent davon gingen für Lohnsteuer, Sozialabgaben und Verbrauchsteuern ab. Die Forderung der Gewerkschaften nach Einführung einer 35-Stunden-Woche führte zu Streiks. Die Zahl der Kraftfahrzeuge auf der Welt hatte 325 Millionen erreicht, und die Bundesregierung beschloss, 1980 die Sommerzeit einzuführen, nicht zuletzt, um mit dieser Maßnahme Energie zu sparen. Im Juli 1979 feierte Volkswagen die Produktion des 35.000.000sten Autos.

Die längeren Abendstunden des Sommers standesgemäß am Steuer eines offenen Wagens zu verbringen wurde immer schwieriger. Offene Autos mit vier Sitzplätzen bot das internationale Autoangebot nur in Gestalt von zwei extrem polarisierenden Angeboten. Einmal als Rolls-Royce Corniche Cabrio und als VW 1303 Cabriolet. Dessen Tage waren freilich gezählt. 1980 stellte Karmann die Produktion endgültig ein, die letzten 518 Exemplare verließen Osnabrück. Offene Autos passten einfach nicht in das Sicherheitsdenken jener Tage.

Die Autolandschaft der Welt hatte sich zu Beginn des neuen Jahrzehnts komplett gewandelt. Erstmals waren nicht mehr die USA das erfolgreichste Autobauerland der Welt. 1980 entstanden nur noch 4,4 Millionen Pkw in den Vereinigten Staaten. Dagegen produzierten japanische Hersteller 5,46 Millionen Pkw, von denen mehr als die Hälfte in den Export gingen. Die Volkswagentochter Audi profilierte sich auf dem Weg zur Premiummarke mit der Vorstellung des Audi quattro. Das sportliche Coupé führte erstmals einen permanenten Allradantrieb bei einem Pkw in der Großserie ein. Als Antrieb diente ein Fünfzylinder-Reihenmotor mit 2144 cm^3 Hubraum, der von einem Abgasturbolader von Kühnle, Kopp und Kausch mit Ladeluftkühler und einem maximalen Ladedruck von 0,9 bar auf eine Leistung von 200 PS gebracht worden war. Der Antrieb war auf Basis des VW Iltis entstanden. Volkswagen baute den Iltis von Ende der siebziger bis Ende der neunziger Jahre für die Bundeswehr, ein ziviler Ableger scheiterte am hohen Preis. Der Audi quattro bot herausragende Fahrleistungen mit einer Beschleunigung aus dem Stand auf Tempo 100 in 7,2 Sekunden und eine Höchstgeschwindigkeit von 220 km/h sowie ein beeindruckendes Fahrverhalten, vor allem bei nassem, glattem oder losem Untergrund. Der permanente Allradantrieb wurde für Audi ein Markenzeichen und setzte sich auch bei anderen Herstellern als Antrieb vor allem bei hohen Leistungsangeboten durch.

Deutlich gestiegene Rohölpreise drückten 1981 auf das Wirtschaftswachstum. In der Bundesrepublik stieg die Arbeitslosigkeit auf 1,5 Millionen. In Kommunen wie Köln erschienen als Reaktion auf die hohen Öl- und Benzinpreise Pferdedroschken als Taxis im Stadtverkehr. Die steigende Sorge um die Zerstörung der natürlichen Lebensgrundlagen

Zur Fertigstellung des 20.000.000sten Käfers am 15. Mai 1981 bei „Volkswagen de México" in Puebla wurde das silbergrau lackierte Sondermodell „Silver Bug" – mit entsprechender Plakette auf Motorhaube und Schaltknauf – in einer Auflage von 2400 Exemplaren angeboten.

machte den Umweltschutz politisch salonfähig, was am 13. Januar 1980 zur Gründung der Bundespartei „DIE GRÜNEN" geführt hatte. Untersuchungen der Auswirkung von saurem Regen auf die Wälder zeichneten eine düstere weil waldlose Zukunft Deutschlands und Europas. Der Begriff „Waldsterben" etablierte sich und fand sogar offiziellen Eingang in die französische Sprache.

Der VW Käfer indes konnte 1981 noch einmal für positive Schlagzeilen sorgen. Im mexikanischen VW-Werk Puebla lief am 15. Mai 1981 der 20.000.000 Käfer vom Band. Volkswagen feierte das Jubiläum mit einem Sondermodell. Für den deutschen Markt entstand der „Silver Bug" in einer Auflage von 2000 Exemplaren mit einer Lackierung in Silbermetallic mit schwarzen Längsstreifen. Die Motorhaube zierte eine Plakette, die auf das Jubiläumsmodell verwies, der Innenraum war mit großkariertem Schottenstoff in schwarz und weiß ausgeschlagen. Mit serienmäßigem Radio, heizbarer Heckscheibe und Gürtelreifen kostete das Sondermodell 9025 Mark. Nicht einmal doppelt so viel wie 35 Jahre zuvor, als die Produktion des Käfers begonnen hatte.

Der Weg zum 21.529.464sten Käfer

9. Der Weg zum 21.529.464sten Käfer

Das unwiderrufliche Ende nahte: Zum Abschied des „Million-Sellers“ entstand eine letzte Sonderserie des Käfer mit dem Namen „Última Edición“, bei der neben einigem Chromzierrat und Weißwandreifen auch wieder das Wolfsburger Wappen auf der vorderen Haube zu finden war.

Als automobiles Band der Freundschaft reichte die Zahl aller bislang gebauten Käfer nun bereits zweimal um den Äquator. Bis zur letztlichen Vollendung seines Produktionslebens fehlten noch 1.529.464 Exemplare. In seinen besten Zeiten hätte der Käfer dieses Ziel in einem strammen Jahr erreicht. Nun durfte er sich mehr als zweieinhalb Jahrzehnte Zeit lassen. Sein 50-jähriges Produktionsjubiläum 1996 erreichte er lässig. Ein Rekord für die Ewigkeit in der schnelllebigen Autowelt. Der französische Volkswagen, 1948 von Citroën mit ähnlichen Eigenschaften präsentiert, brachte es als 2CV zwischen 1949 und 1990 gerade Mal auf 41 Produktionsjahre – und fast schon lächerliche 3.868.631 Exemplare.

Gegen den Käfer hatte die Ente nie eine Chance. Für den Geschmack der restlichen Welt war der 2 CV zu französisch und – bei aller Liebe – qualitativ nicht aus dem Holz geschnitzt, das ein Auto braucht, um mit einem Slogan wie „Er läuft und läuft und läuft“ Geschichte schreiben zu können.

Beim Lebensgefühl, das beide Autos ihren Besitzern vermittelten, durften sich Käfer und Ente vielleicht auf Augenhöhe bewegen. Gegebenenfalls auch mit dem Mini, der englischen Interpretation eines Volkswagens. Der war das revolutionärste unter den Volksautos und konnte zwischen 1959 und dem 4. Oktober 2000, als seine Produktion endete, ebenfalls auf 41 Jahre Produktionszeit zurück blicken. Und auf 5.387.862 Exemplare. Hätte der Käfer die technischen Eigenschaften des Mini besessen und der Mini wiederum die Zuverlässigkeit des Käfers, beide würden möglicherweise noch heute gebaut.

Unsterblich sind sie dennoch, schafften sie doch als bislang einzige Autos der Geschichte das Kunststück, legitime Nachfolger mit zeitgemäßer Technik zu erhalten, die sich unverändert großer Beliebtheit bei den Fans erfreuen.

Im Fall des Käfers geschah dies 1994, als Volkswagen die Studie „VW Concept 1“ vorstellte. Jeder ordentliche japanische Hersteller hätte freilich in den seinerzeit verbleibenden acht Jahren der Käfer-Fertigung noch zwei komplett neue Generationen des Super-Bestsellers auf den Markt geworfen...

Mit Beginn der neunziger Jahre hatte im Styling und in der Mode das „Retrodesign“ einen gewissen Charme entwickelt. Da war es nur folgerichtig, auch im Autobau Antworten auf die Frage zu suchen, wie automobile Klassiker aktuell aussehen würden, wenn sie mit modernen Methoden gezeichnet und mit neuester Technik ausgestattet wären. Der 911

Die Produktion des New Beetle mit der internen Bezeichnung Typ 9C (Europa und Rest der Welt) begann im Oktober 1997. Der hier gezeigten ersten Version folgte im Jahre 2005 ein Facelift-Modell. Im Juli 2010 endete die Fertigung, da der Nachfolger bereits ein Jahr später auf der IAA in Frankfurt stand.

Auf den Spuren des Vorläufermodells: der New Beetle. Der Kult des Ur-Käfer war stark genug für einen modernen Nachfolger auf Basis des VW Golf, den Volkswagen 1997 auf die Straße brachte. Ganz nebenbei markiert der New Beetle auch den Beginn der Retro-Bewegung im Automobilbereich, aus der der BMW MINI (seit 2001) und der Fiat 500 (seit 2007) hervorgehen sollten.

von Porsche war ja ein gutes Beispiel dafür, dass eine solche Modellstrategie in der Praxis durchaus funktionieren konnte. Die erste automobile Antwort auf diese Frage konnte eigentlich nur von Volkswagen kommen. Der „VW Concept 1“ war außen wie innen eine tiefe Verbeugung vor dem Kult des Käfers, bis hin zur modernen Interpretation der Blumenvase für das Armaturenbrett.

Um ein Projekt wie den Retro-Käfer beziehungsweise den „New Beetle“ zu realisieren, mussten im Bereich der Technik alte Zöpfe abgeschnitten wer-

Die formschöne, ab 2003 lieferbare Cabrio-Version bekam eine elektrische Verdeckbetätigung.

den. Ein luftgekühlter Boxermotor im Heck war da nicht vorstellbar. Doch im Rahmen der Plattformstrategie des Konzerns hatte ein neuer Käfer auf der identischen technischen Basis von Golf IV, Audi A3, Skoda Octavia oder Seat Toledo eine realistische Chance auf Verwirklichung. Dass ein solcher New Beetle nicht die Absatzzahlen des Originals würde erreichen können, war klar, doch wenn es sich dabei streng genommen um eine Lifestyle-Karosserievariante des Golf handeln würde, wären die Entwicklungskosten vertretbar und das Projekt wirtschaftlich zu realisieren. Vor allem mit einer Fertigung an traditionsreicher Stätte, dem mexikanischen VW-Werk in Puebla.

Das Echo auf „Concept 1“ war so überwältigend, dass der neue Käfer in die Entwicklung ging und vier Jahre später, im März 1998, offiziell vorgestellt wurde. Natürlich war kein Käfer ohne Cabrioversion vorstellbar. Den offenen New Beetle reichte Volkswagen im Frühjahr 2003 nach. Der neue Käfer kam in den Genuss einer vielfältigen Motorenpalette, die ein Leistungsspektrum von 75 bis 225 PS abdeckte. Auch Käfer und Dieselmotor durften dank des New Beetle ein Happyend erleben.

Wie der letzte Käfer, so rollte auch der New Beetle in Mexiko vom Band.

2001 erfuhr der originale Käfer – noch in Produktion befindlich – übrigens eine ganz besondere Ehrung durch einen ultimativen Über-Beetle. Volkswagen legte in einer Serie von 250 Exemplaren mit dem „New Beetle RSi“ den stärksten und schnellsten Vertreter seiner Spezies auf. Ein VR6-Motor mit 2,8 Litern Hubraum sorgte für 225 PS und entsprechende Fahrleistungen: 6,4 Sekunden für den Sprint aus dem Stand auf Tempo 100. Luftfahrttaugliches Spoilerwerk und mächtige 18-Zoll-Räder sorgten auf der anderen Seite für ordentlich Speck auf den Hüften. Auf 1515 Kilo Leergewicht hatte es noch kein Käfer zuvor gebracht.

Die Erfolgsgeschichte des New Beetle ging bis 2010. Im Jahr darauf kam dann der Nachfolger, der nur noch Beetle hieß. Die Markteinführung des „21st Century Beetle“ in Deutschland erfolgte am 21. Oktober 2011. Bereits im Frühjahr war die dritte Generation der Volkswagen-Ikone zeitgleich in New York, Berlin und Shanghai präsentiert worden. Neben der unverkennbaren Linienführung konnten sich die Designer beim Interieur eine kleine Anspielung auf ein typisches Ausstattungsmerkmal des ersten Käfers nicht verkneifen: Das nostalgische Handschuhfach war wie einst in Wagenfarbe lackiert. Motorisch allerdings hatte der neueste

Der schnelle Käfer: New Beetle RSi. Wer ihn haben wollte, musste ebenfalls schnell sein, denn über den mit einem 225 PS starken 2,8-Liter-Sechszylindertriebwerk befeuerten Sportler mit 4Motion Antrieb konnten sich im Jahr 2001 lediglich 250 Käufer freuen, danach war dieses Sondermodell ausverkauft.

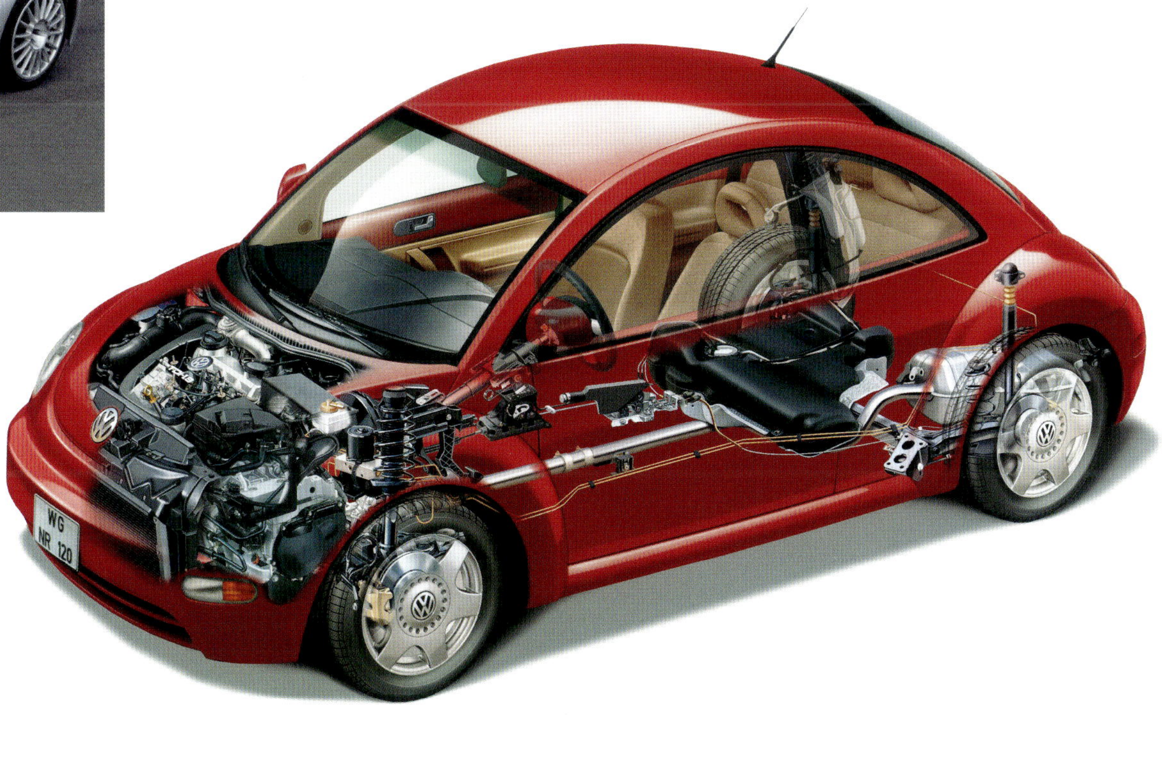

Blick, der unter die Haut geht: Als Basis diente der Golf.

Über die Zukunft des New Beetle machte man sich bei VW bereits früh Gedanken, wie die Studie New Beetle Dune zeigte, die im Jahr 2000 auf der Los Angeles Auto Show vorgestellt wurde. Das Augenmerk auf die stagnierenden Absatzzahlen auf dem wichtigen US-Markt gerichtet, präsentierte VW dann im Jahre 2005 auf der Detroit Motor Show die Studie New Beetle Ragster, um wieder Käuferinteresse zu wecken. Beide Konzepte wurden allerdings für den New Beetle nicht weiterverfolgt.

Auf der IAA in Frankfurt stand 2011 die zweite Generation des New Beetle. „Nicht jede Ikone aus den Sechzigern sieht heute noch so gut aus.“, lautet der Katalogtext und stellt wenig später fest: „Der erste Käfer machte die Menschen unabhängig. Dieser macht sie schneller.“ Letzteres gilt zumindest für das limitierte in Pure White Uni lackierte Sondermodell mit seinem 200 PS starken 2-Liter-TSI-Motor.

Beetle nichts mehr mit seinem Urahn gemein: Neben dem 105 PS starken Grundmotor 1.2 TSI und dem Topmodell 2.0 TSI mit 200 PS wurden sowohl das moderne 1.4 TSI Aggregat (160 PS) als auch das sparsame 105-PS-Dieseltriebwerk angeboten. Der Einstiegspreis begann bei knapp 17.000 Euro, die Dieselversion kostete rund 20.000 Euro.

Im besten Verkaufsjahr 2013 wurden fast 110.000 Beetle gebaut. Dann aber ließ die Nachfrage wieder nach, und seit Frühjahr 2017 wurden keine Autos mehr importiert. Ein Jahr später war auch fürs Cabrio Schluss. Dass die Rekordmarken des Urkäfers nicht erreicht würden, war von vornherein klar, allerdings ist auch der Kugelporsche mittlerweile als Weltmeister abgelöst. Am 23. März 2007 setzte der Golf mit 25.000.000 Einheiten einen neuen Produktionsrekord.

Ohne die grandiose Leistung des Käfer-Nachfolgers schmälern zu wollen – aber ein Vertreter der fünften Golf-Generation hatte mit dem Urmodell nur noch Grundform, Layout und Namen gemeinsam. Werden die Kriterien für den Weltmeistertitel entsprechend eng gefasst, also nur stetige Verbesserungen an einem Grundmodell gewertet, bleibt der Käfer das meistgebaute Auto der Welt.

Sorry auch an Toyota. Vom Corolla, seit 1966 gebaut, sind weltweit noch etliche Millionen mehr abgesetzt worden. Doch dafür war bislang ein gutes Dutzend Generationen notwendig, deren einziges verbindendes Element der gemeinsame Name geblieben ist.

Als Zeitzeuge kann der Käfer die letzten gut zwei Jahrzehnte in dieser Geschichte nur noch an besonders wichtigen Stellen streifen. Als Symbol des Kapitalismus, als Gefährt des geschmähten Klassenfeindes, erlebte er den 9. November 1989, als die Berliner Mauer und der ganze Rest der Grenze zwischen den beiden deutschen Staaten fiel.

Ein Wagen des Volks war der Käfer in Ostdeutschland nie geworden, obwohl es tatsächlich Vertragshändler im Osten gegeben hatte. Um seine Bürger zu beruhigen und etwas für das Image zu tun, griff Staatsratsvorsitzender Erich Honecker tief in die Tasche mit den raren Devisen und bestellte in Wolfsburg am 3. November 1977 keine Käfer, sondern 10.000 Golf für seine Landsleute. Freilich war es 1989 für die Mitbürger in den neuen Bundesländern zu spät, noch etwas an Käferkunde nachzuholen. Sie wollten verständlicherweise neue, moderne Autos und keine Nostalgieprodukte.

In die letzten Jahre des Käfers fiel das Ende eines Jahrtausends, an dessen Anfang die Menschen noch geglaubt hatten, dass die Erde eine Scheibe sei und mit viel Glück ein durchschnittliches Lebensalter von 28 Jahren erreichten. In Deutschland hatte es im Jahr 1000 nur 40 stadtähnliche Siedlungen mit 100 bis 1000 Einwohnern gegeben. Die Wikinger fuhren bis nach Amerika, die Engländer zahlten Tribut an die Dänen und alle zusammen fürchteten sich vor dem Ende der Welt. Auch fiel ein

Coke-Flasche, iPhone, Leica M9, Beetle – wie kann man ein derart bekanntes Design neu erfinden? Die VW Chefdesigner Walter de Silva und Klaus Bischoff stellten sich dieser Aufgabe und gaben ihrem Team das Ziel vor: „Entwerft ein neues Original!" Die Hommage an das Design der automobilen Keimzelle des ganzen Konzerns scheint gelungen: Wenn man den ersten und den 2011er Beetle in einen Raum stellt, nur Licht auf das Dach gibt und die Silhouetten betrachtet, sieht man im hinteren Bereich die nahezu identische Linie.

Lichtblick der Erkenntnis auf das zweite Jahrtausend. Der indische Mathematiker Sridhara erkannte die Bedeutung der Null für die weitere Entwicklung der Mathematik.

Im Verlauf seines beschaulichen Lebensabends ignorierte der Käfer alle Errungenschaften, die die Weiterentwicklung des Automobils mit sich gebracht hatten. Bedauerlicherweise gehörten dazu alle passiven Sicherheitssysteme, wie sie heute selbst in einem rumänischen Billigauto zur Selbstverständlichkeit zählen, etwa Airbags.

Elektronische Regelsysteme fanden ebenfalls nie den Weg unter das rundliche Blech. Sicherheitstechnische Entwicklungen wie Antiblockiersysteme waren für den Käfer nie ein Thema. Noch weniger Stabilisierungsprogramme, Bremsassistenten, Traktionskontrollen jedweder Art, oder gar ein elektronisch gesteuertes Fahrwerk. Die Gemischaufbereitung des Boxers im Heck übernahm 1993 schließlich doch eine Multipointeinspritzung von Bosch, damit ein geregelter Dreiwegekatalysator zur Abgasreinigung installiert werden konnte. Wenigstens elektronische Steuerungen für die Drosselklappen? Das war alles nichts für den Käfer.

Seinen Lebensabend verbrachte er in Mexiko. Nachdem das 20.000.000ste Auto vom Band gelaufen war, hatte es als nächste Verbesserungsmaßnahme eine Frontscheibe aus Verbundglas gegeben. Und eine elektrisch angetriebene Pumpe für das Wischwasser. Für den deutschen Markt kreierte die Produktplanung unterdessen ein neues Sondermodell nach dem anderen. Deren Namen wurden aus Anglizismen entwickelt, weil aus unerfindlichen Gründen die hermetisch abgeschlossene Welt der Werbung und des Marketings heute mehr denn je der Meinung ist, dass sich englische Begriffe zum Verkauf von Waren besser eignen, als solche aus der jeweiligen Muttersprache. So gab es den „Jeans Bug“ oder den „Special Bug“. Mit dem Radio „Salzgitter“ serienmäßig. Aber dafür kletterte der Preis über die magische Grenze von 10.000 D-Mark. Um 45 D-Mark genau genommen.

1984 kamen immerhin noch 15.119 Käfer nach Deutschland, 1985 waren es nur noch 3150. Es wurde immer teurer, das Auto an die stetig schärfer werdenden Bestimmungen anzupassen. Um den Käfer zudem weiter in einer für den Export erforderlichen Qualität fertigen zu können, hätten Werkzeuge und Maschinen für das Pressen der Karosserieteile in Puebla gründlich überarbeitet werden müssen. Somit kam das Aus für den Export nach Deutschland. Am 12. August 1985 traf das letzte Transportschiff in Emden ein, das einen Käfer für den deutschen Markt löschte. Die Abschiedsparty mit Zeitzeugen, die bereits die ersten Gehversuche der Prototypen 50 Jahre zuvor miterlebt hatten, beendete eine Ära.

Südafrika, Uruguay, Belgien, Australien, Philippinen, Portugal, Jugoslawien, Nigeria, Irland, Brasilien, Malaysia, Thailand oder Singapur bildeten in den besten Tagen des Käfers ein Montagereich, in dem die Sonne niemals unterging. Zum Schluss war nur noch Mexiko geblieben. Ein Land mit einer zweigeteilten Beziehung zum Käfer. Die erste Periode währte von 1954 bis 1963.

1954 war Mexiko eine arme Nation. Der schmuddelige Hinterhof der Vereinigten Staaten. 30 Millionen Menschen bewohnten das Land, für dessen Transportbedürfnisse eine halbe Million Kraftfahrzeuge sorgen musste. Einschließlich Lastwagen und Omnibussen.

Europäische Autos waren den Mexikanern unbekannt und von einem kleinen, runden Autos aus Deutschland hatten sie schon gar nichts gehört. Doch bei VW setzte man, ermutigt durch die Erfolge in Brasilien, auf das mittelamerikanische Ex-Reich der Azteken. Prinz Alfonso von Hohenlohe eröffnete 1954 den ersten VW-Händlerbetrieb in Mexiko-Stadt. Im gleichen Jahr hatte ein gewisser Ernesto Krause mit seinem Partner Manuel Hinke jr. die „Volkswagen Mexicana“ als Importgesellschaft gegründet.